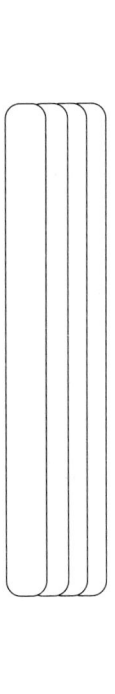

LIBERTÉ POUR
LES INSENSÉS
LE ROMAN DE PHILIPPE PINEL
François Lelord

疯子的自由
——菲利普·皮内尔医生在1789—1795

[法] 弗朗索瓦·勒洛尔 著 郑园园 译

生活·讀書·新知 三联书店 生活書店出版有限公司

Simplified Chinese Copyright © 2022 by Beijing Guangchen Culture Communication Co., Ltd.
All Rights Reserved.

本作品中文简体字版权由北京光尘文化传播有限公司所有。未经许可，不得翻印。

©ODILE JACOB, 2000
"This Simplified Chinese edition is published by arrangement with Editions Odile Jacob, Paris, France, through DAKAI - L'AGENCE".

图书在版编目（CIP）数据

疯子的自由 ／（法）弗朗索瓦·勒洛尔著 ；郑园园译．— 北京 ：生活书店出版有限公司，2022.2

ISBN 978-7-80768-369-8

Ⅰ．①疯… Ⅱ．①弗… ②郑… Ⅲ．①心理学-通俗读物 Ⅳ．① B84-49

中国版本图书馆 CIP 数据核字（2022）第 006327 号

策划编辑	李　娟
执行策划	邓佩佩
责任编辑	程丽仙
特约编辑	李　艺
出版统筹	慕云五　马海宽
装帧设计	潘振宇
封面插画	罗可一
责任印制	孙　明
出版发行	生活書店出版有限公司
	（北京市东城区美术馆东街22号）
图　字	01-2016-2821
邮　编	100010
印　刷	北京中科印刷有限公司
版　次	2022年2月北京第2版
	2022年2月北京第1次印刷
开　本	880毫米×1230毫米　1/32　印张7.875
字　数	160千字
印　数	00,001-10,000册
定　价	48.00元

（印装查询：010-69590320；邮购查询：15718872634）

1795年,菲利普·皮内尔医生在萨尔佩特里埃(Salpêtrière)医院。

托尼·罗伯特-弗罗莱(Tony Robert Fleury)绘

Catalogue 目录

VII

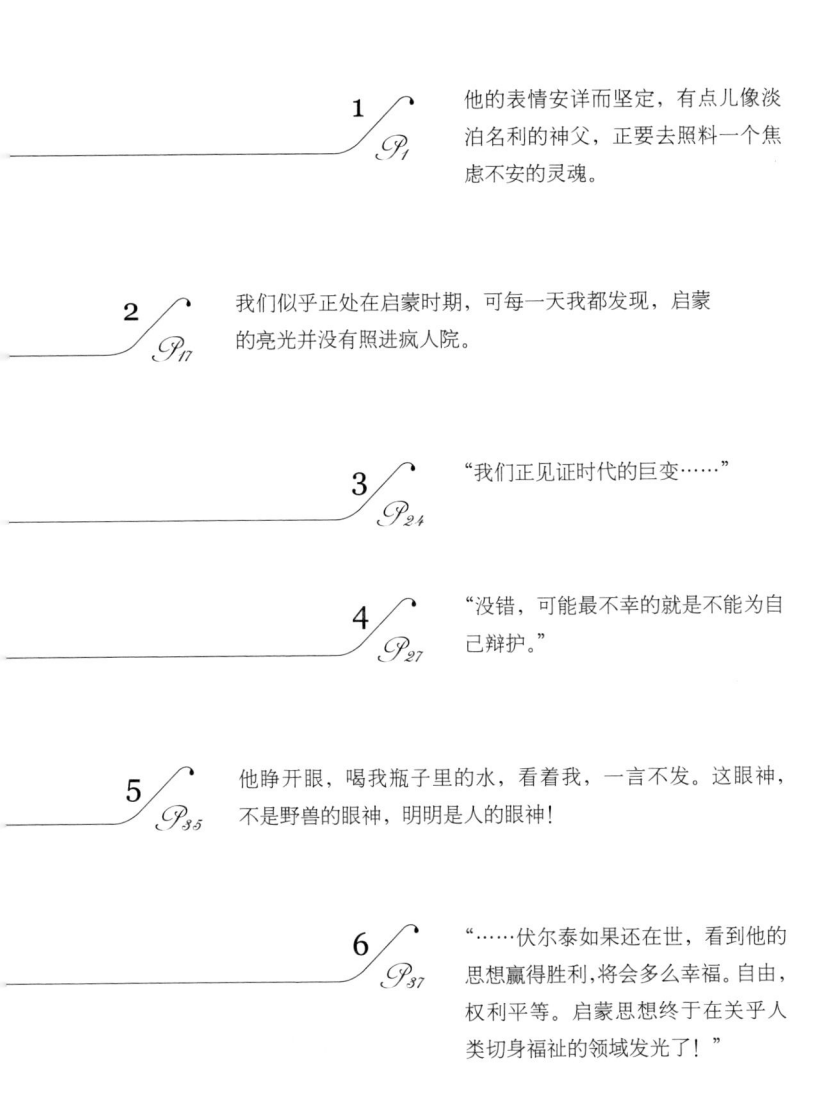

1 — P_1 — 他的表情安详而坚定,有点儿像淡泊名利的神父,正要去照料一个焦虑不安的灵魂。

2 — P_{17} — 我们似乎正处在启蒙时期,可每一天我都发现,启蒙的亮光并没有照进疯人院。

3 — P_{24} — "我们正见证时代的巨变……"

4 — P_{27} — "没错,可能最不幸的就是不能为自己辩护。"

5 — P_{35} — 他睁开眼,喝我瓶子里的水,看着我,一言不发。这眼神,不是野兽的眼神,明明是人的眼神!

6 — P_{37} — "……伏尔泰如果还在世,看到他的思想赢得胜利,将会多么幸福。自由,权利平等。启蒙思想终于在关乎人类切身福祉的领域发光了!"

VIII

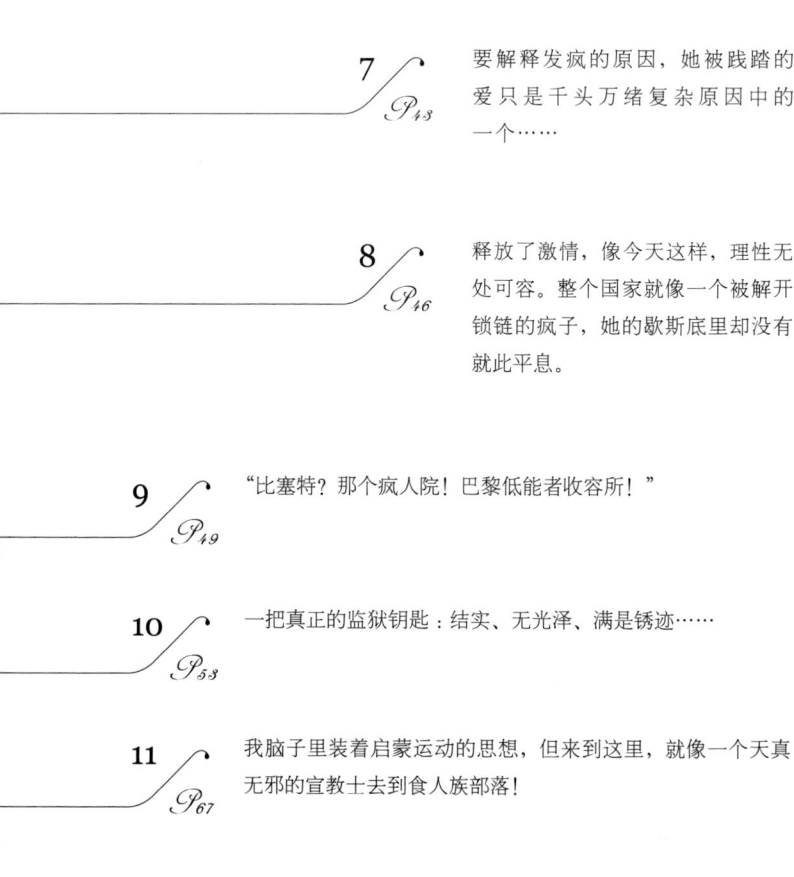

7　$\mathcal{P}_{43}$　要解释发疯的原因，她被践踏的爱只是千头万绪复杂原因中的一个……

8　$\mathcal{P}_{46}$　释放了激情，像今天这样，理性无处可容。整个国家就像一个被解开锁链的疯子，她的歇斯底里却没有就此平息。

9　$\mathcal{P}_{49}$　"比塞特？那个疯人院！巴黎低能者收容所！"

10　$\mathcal{P}_{58}$　一把真正的监狱钥匙：结实、无光泽、满是锈迹……

11　$\mathcal{P}_{67}$　我脑子里装着启蒙运动的思想，但来到这里，就像一个天真无邪的宣教士去到食人族部落！

12　$\mathcal{P}_{73}$　他叫普森 (Pussin)，响亮而迷人的名字，与他粗犷的外表不太相称……

IX

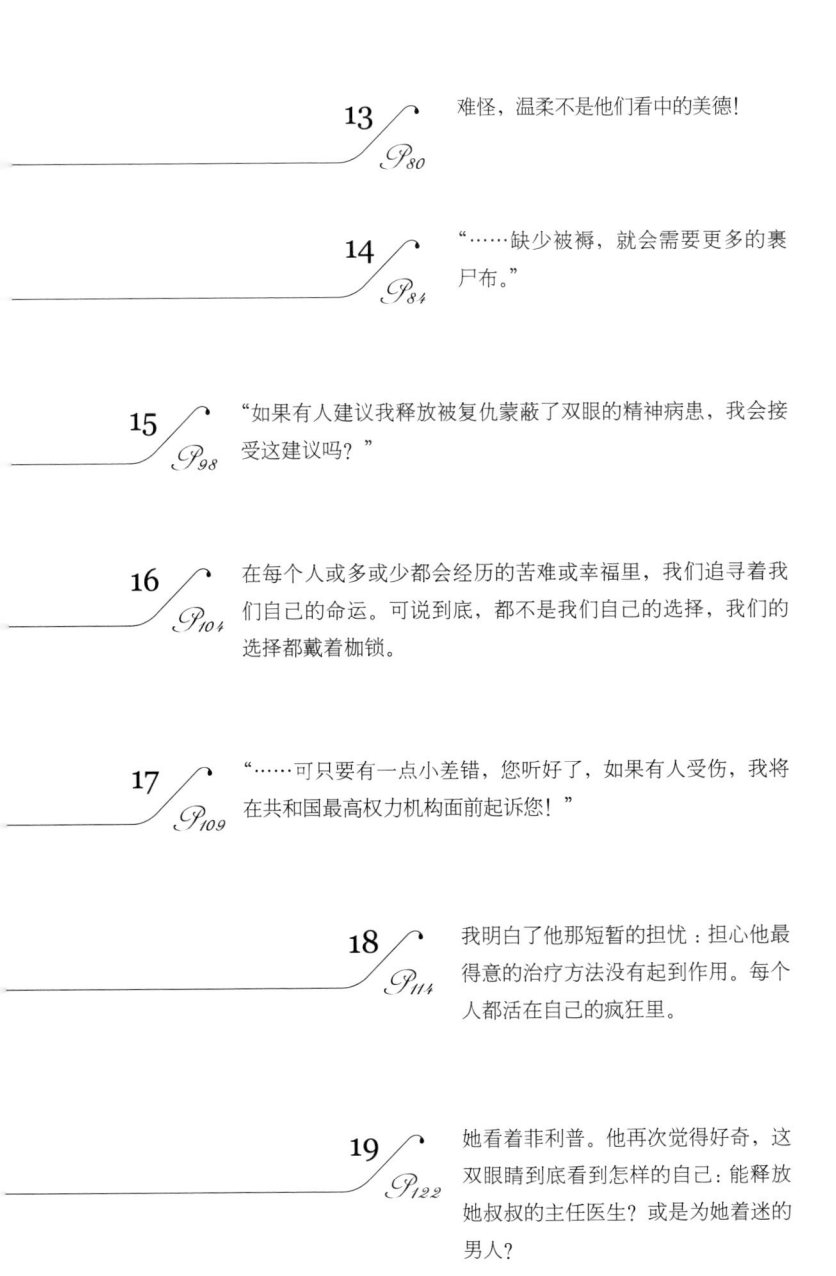

13 ℘₈₀ 难怪，温柔不是他们看中的美德！

14 ℘₈₄ "……缺少被褥，就会需要更多的裹尸布。"

15 ℘₉₈ "如果有人建议我释放被复仇蒙蔽了双眼的精神病患，我会接受这建议吗？"

16 ℘₁₀₄ 在每个人或多或少都会经历的苦难或幸福里，我们追寻着我们自己的命运。可说到底，都不是我们自己的选择，我们的选择都戴着枷锁。

17 ℘₁₀₉ "……可只要有一点小差错，您听好了，如果有人受伤，我将在共和国最高权力机构面前起诉您！"

18 ℘₁₁₄ 我明白了他那短暂的担忧：担心他最得意的治疗方法没有起到作用。每个人都活在自己的疯狂里。

19 ℘₁₂₂ 她看着菲利普。他再次觉得好奇，这双眼睛到底看到怎样的自己：能释放她叔叔的主任医生？或是为她着迷的男人？

x

20 𝒫₁₂₇ 柜子里的衣架上挂了件非常奇怪的衣服：大帆布，上面有束带、皮扣、挂钩。

21 𝒫₁₂₉ "我还不是完全满意这个方式。因为这不会治好您叔叔的疯病，但至少可以调正他的行为模式，也给他多一点的自由……"

22 𝒫₁₃₄ 是他们消极的想法让他们情绪低落？还是忧郁的情绪导致他们想法悲观呢？搞清楚这个问题非常重要。

23 𝒫₁₃₈ 所以我只有一条路可以走，就是温柔而谨慎地引导他发现自己想法的荒谬。自认为是永动机的发明者，正是这想法导致了他一系列的精神错乱。

 如果他们真正直面死亡的刑具，在震耳欲聋的人群喧嚷声中，亲眼看见他们的长辈或同伴被处死：那些人，在断头台上弯腰之前，都是他们曾经爱过的，而现在他们竟双手沾满自己所爱的人的鲜血，我想那时，他们的轻率才会改变。

XI

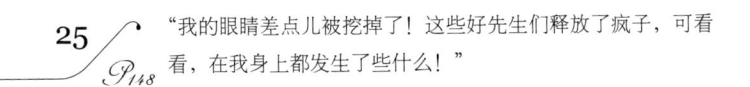

25 / P148 "我的眼睛差点儿被挖掉了!这些好先生们释放了疯子,可看看,在我身上都发生了些什么!"

26 / P159 只需要找到原生家庭父亲的形象,所有问题就迎刃而解了。

27 / P162 我称这种疗法为心理疗法,只为了区别于物理疗法——淋浴、放血等在主宫医院大肆使用的治疗方式,这些疗法治疗效果甚微,副作用却往往是灾难性的。

28 / P167 "夫人,这个男人的精神病慢慢被平复下来,另一个前不久却新得了疯病。"

29 / P172 我想就是这篇一年前的文章,对许多人来说,就是逮捕我朋友的原因。仇恨就是一种巨大的热忱。

XII

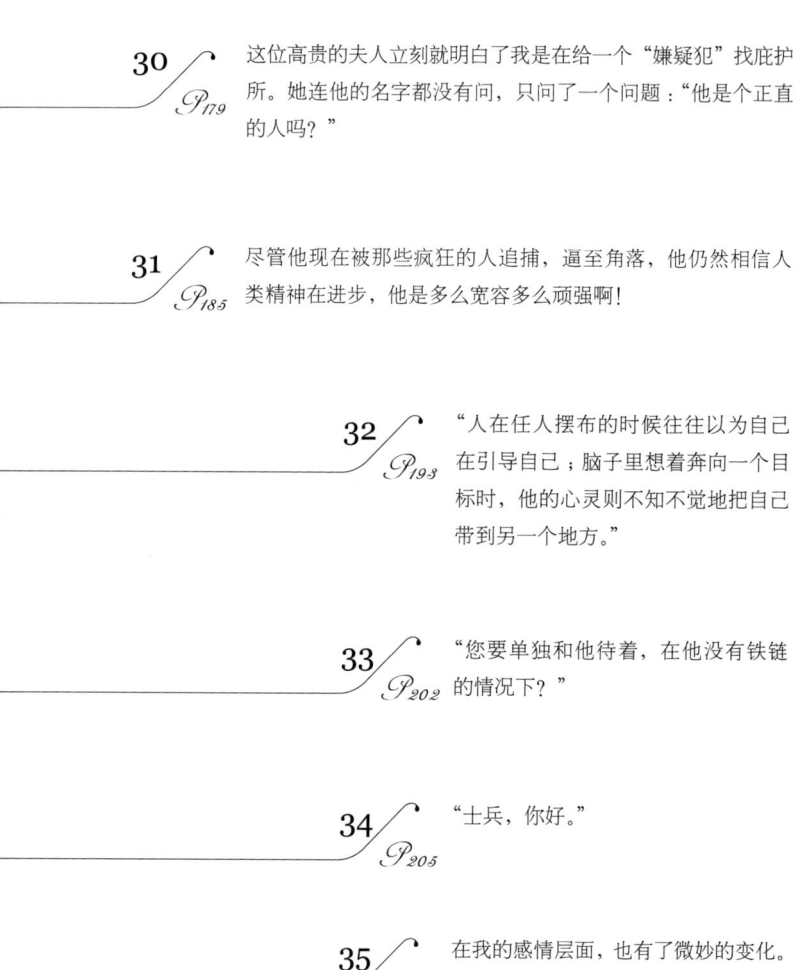

30 P179 — 这位高贵的夫人立刻就明白了我是在给一个"嫌疑犯"找庇护所。她连他的名字都没有问，只问了一个问题："他是个正直的人吗？"

31 P185 — 尽管他现在被那些疯狂的人追捕，逼至角落，他仍然相信人类精神在进步，他是多么宽容多么顽强啊！

32 P193 — "人在任人摆布的时候往往以为自己在引导自己；脑子里想着奔向一个目标时，他的心灵则不知不觉地把自己带到另一个地方。"

33 P202 — "您要单独和他待着，在他没有铁链的情况下？"

34 P205 — "士兵，你好。"

35 P210 — 在我的感情层面，也有了微妙的变化。我感觉得到，她对我们关系的定义，已经超越了医生和病患家属，更多是朋友间的关系。

XIII

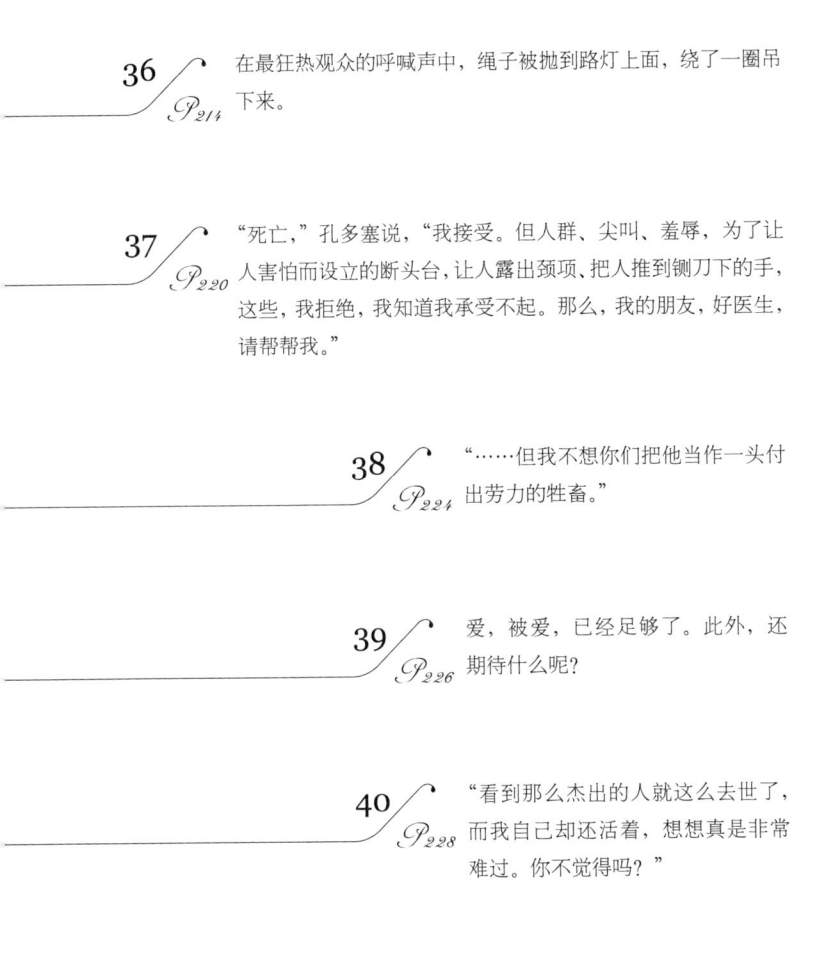

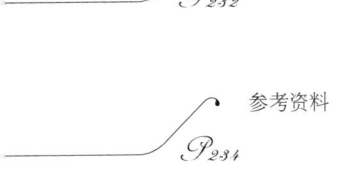

36 / P214　在最狂热观众的呼喊声中，绳子被抛到路灯上面，绕了一圈吊下来。

37 / P220　"死亡，"孔多塞说，"我接受。但人群、尖叫、羞辱，为了让人害怕而设立的断头台，让人露出颈项，把人推到铡刀下的手，这些，我拒绝，我知道我承受不起。那么，我的朋友，好医生，请帮帮我。"

38 / P224　"……但我不想你们把他当作一头付出劳力的牲畜。"

39 / P226　爱，被爱，已经足够了。此外，还期待什么呢？

40 / P228　"看到那么杰出的人就这么去世了，而我自己却还活着，想想真是非常难过。你不觉得吗？"

41 / P232　自由的写照

P234　参考资料

1

一七八九年六月二十二日

乍看之下，这里没有任何不寻常之处：一座美丽的宅邸，正如任何其他能在圣安托万区（Faubourg Saint-Antoine）边上看到的一样。高墙挡住了好奇的窥探，在高墙之后，是一片绿树成荫的花园，一条小溪横贯其间，树荫下矗立着布满青色铜锈的女神像，而初夏已开始微黄的大片草地中间，立着一尊颇有古希腊之风的金色石像，这风格，在时下好国王路易十六的统治下正风靡着。房子，毫无疑问是由某一位热爱陶立克柱做正面装饰的贵族，或是渴望被封为贵族的资产者所建。

那些在台阶前戴着假发、化着妆的女士们不正是一副贵族的样子吗？虽说其中有些妆容太过，妆太浓、假发太多；另一些正相反，面容苍白，疏于梳妆，好像刚刚睡醒，没有洗漱就直接从房间里走出来，可现在已经是下午接近黄昏了呢！为什么她们中间有一些人讲话如此大声？另外一些却好像得了缄默症，目光呆滞，缓慢地摇头晃脑？而这一位躺在草地上的，完全不顾她的发型和裙子！她撩起衬裙，露出下半身，狂热地沉湎于做猥亵的动作！难道这是一间疯人院吗？

"男爵夫人又在手淫了！"管家看着窗外说。

双颊绯红的年轻书记员，听到这下流话有些不快，他觉得不可以这样谈及一位贵妇，甚至不该如此论及任何一位女士。同时，他想到他的表妹而脸红起来，他们之间曾经发生的那些事，天哪，那时他们可都还是孩子啊，他们并不知道那样做不好。

"这位夫人并不知道她正在做什么。"他为男爵夫人辩护道。

"我认为，她至少知道这样让她很爽。"管家下流地笑着。

年轻的书记员不愉快地低头看着账簿，他得更新疗养院每天的支出和收入。在算术和书写方面，管家十足笨得像猪，很难相信他这样的人怎么有办法待在这个职位上。可这个地方的主人，贝洛姆 (Belhomme) 先生，多年来一直让他做管家，书记员猜想他们之间长久以来应该分享着什么不可告人的秘密。不管怎样，这家疗养院运营得很好，收入颇丰，而相比之下，支出少之又少。想及他收到的微薄工资，而贝洛姆先生穿着华丽的绣花套服到处炫耀，这位年轻人心里不禁苦水泛滥。

"瞧，医生来了。"管家说。

一位年轻男子，穿着简朴的黑色衣衫，没有戴假发，沿着花园的小路，朝房子走来。他的表情安详而坚定，有点儿像淡泊名利的神父，正要去照料一个焦虑不安的灵魂。菲利普·皮内尔 (Philippe Pinel) 是这家疗养院的医生，专门负责照料看护那些神经紧绷的贵族，可他并没有因此失去纯朴气质和外省人的谦逊。

他一出现，所有的女士都停止散步和交谈（甚至那位男爵夫人都回过神来，站起身，恢复了体面），从花园各个角落向他聚拢。很快，她们在他四周围成了一个充满呻吟和哀求的圈子，抛出一连串问题，让他几乎不能前进。

"皮内尔先生，今天我可以出去吗？"

"皮内尔先生，我的先生想见您！"

"昨晚我睡得很不好！"

"我，我再也不吃东西了，我再也不吃东西了！"

"皮内尔先生，我做了可怕的梦！"

"您会来看我吗？"

"您看，您看，我的手指肿了！"

"我，我的喉咙！"

就这样接连不断，她们用浓妆艳抹的脸贴近他的脸，几乎是大声喊叫着，扯他的袖子，展示她们乳白的胸部，露出白皙的手臂。这位先生必定经过千锤百炼，才不至于吓得撒腿就跑，或被挑逗得心神荡漾，不顾名誉立刻拉着其中一位，到花园里避人眼目的地方卿卿我我。必须得承认，她们中有那么两三位还是非常有吸引力的，正如某些出身名门却抛却高傲的贵妇那样。可是，皮内尔医生并没有这样做，他停下来，坚定地打量她们，用不容反驳的语气对她们说道：

"女士们，我是你们的医生，我定会好好履行我的职责。我会去看你们，你们所有人，但必须是在安静的情况下。请回到你们的房间，这是我的要求。"

皮内尔带着权威的保证，使她们安静下来，就有那么一小片刻。可这一刻并没有持续多久。其中一位用小女孩般的嗲声再次发问：

"可是我的喉咙，您怎么看我的喉咙？"

"我的先生，您会见他吗？"另外一位问道。

再次响起一片嘈杂声。皮内尔继续往前走，这些诉求不满的女人们也围着他直到房子前。

管家透过窗户观察着这个场景，非常不认同的样子。女人可以这样不尊重男人，看吧，这正是时代倒退的证明呢！

"她们迟早会把他吞下去，这些母狗！"

双颊绯红的年轻书记员再次被震惊了。

"他是个那么好的医生，她们这样依赖他也是正常的。"

"好医生，或许吧……但他对待病人太温柔了。"

"真的吗？"

"我认为几顿痛打可比任何医术更能使这些疯子安静下来。"

"先生，那些可都是我们的寄宿者啊！"

"我当然知道，可她们的丈夫应该更经常痛打她们。"

菲利普走进房子里，关上门，把充满女人声音的音乐会留在门外。从近处看，他已然超过四十岁了，不过头发依旧浓密，眼神率直，行为举止间充满某种活力，这些都让人想起他仍然做学生时的样子。

"先生们，你们好！"

"先生，我们还以为她们不会放过您，让您走到这里呢！"

"不会，不会，不过炎热的天气确实让这些女士们比较浮躁。好了，让我们看看今天有什么事。"

管家先生，几分钟前还满嘴粗话、讥笑嘲讽，现在则显得相当有礼貌，讲述今天的安排：吕赛尔纳先生（Monsieur de Lucernes），疗养院里所有寄宿者中最有威望的人，今天会离开。可事情并没有像预期的那样顺利进展，出现了一些困难。

"什么困难？"菲利普吃惊地问，"我已经许可了，他康复了，可以离开。"

"他是不是还会说疯话？他仍然相信能听见上帝对他说？"

"是的，可是上帝并没有叫他做什么荒唐事，这是种平静的妄想。待在他自己的乡村，对他更好……"

之前，老伯爵满脑子想的只是打猎和耕种，可自上帝对他说话以来，他总是一边在乡间散步，一边声嘶力竭地祷告。在两个月的休息和跟菲利普交谈之后，他的宗教狂热稍有冷却，他同意默祷，尤其当他周围有人的时候。

"……我们不能仅仅因为这些人让他们的家人感到不舒服而把他们留在这里。"菲利普说道。

"不管怎样，这不是他的侄子们的想法，您听听他们怎么说吧！"管家说着，心里断定吕赛尔纳先生的侄子们会为难菲利普，高兴的样子藏都藏不住。

菲利普注意到管家喜欢看他有难题。

"您看，"书记员说，"他们正准备离开。"

台阶前停着一辆大而华丽的四轮马车。两个仆人提着一个巨大的箱子，蹒跚地走上前去，把它挂在马车后面。

一个戴假发的老人，样子有些古怪，出现在马车边。他转身向房子看去，发现他的医生正在窗前注视着他。老人脱帽，有些夸张地向医生致敬，行鞠躬礼的时候，头几乎都要着地了。行完礼，两个穿着华丽的贵族青年走上前去，激动地跟他讲话。伯爵没有搭腔，转向马车，轻蔑地撇撇嘴。他登上马车，关上车门，一言不发。

"那就是他的侄子们？"菲利普问道。

"就是他们。为了来见您，昨晚到的巴黎。他们希望我们能继续留住他们的叔叔。您该去和他们谈谈。"

"不用去，他们已经到了。"

这时，那两个年轻人正气急败坏地闯进办公室，骄傲的样子就像两只小公鸡。

"谁是这家疗养院的医生？"

"先生们，是我。我可以为你们做什么？"

"先生，我们的叔叔疯了。他必须留下来治疗。"

"你们对他的关心，我们愿意来替你们表达，只要有必要，多长时间都没有关系。"

"先生们，看到你们对叔叔健康状况的关心，我很感动。

昨天我见过他，在我看来，他好多了。所以我跟他说这个星期可以离开。"

侄子们回答菲利普说，老伯爵一定懂得如何隐藏他真实的状况，事实上他还是疯得厉害，却装出完全恢复理智的样子。所以必须要让他继续留在这个疗养院里。

"先生们，我们一起去看看他。"

吕赛尔纳伯爵坐在马车里，看到他们过来，浓密的眉毛拧成了一团。他预感到令人不快的事情正要发生。人老了，别人就开始替你做决定，真是不幸啊！这名老兵机械性地把手放在曾经佩剑的地方，当然，那剑不在那里已经多年了。哎，这位医生——年轻的南方人正走向他，然而老伯爵能感受到他仍站在自己这边。无论如何，没有人可以让他走下马车！他有那么多封号：吕赛尔纳伯爵、福利尼伯爵、奥姆男爵、昂比男爵，还有其他领地的男爵，然而从此以后这些都不重要了，他只是至高神谦卑而忠诚的仆人。

"那么，先生，已经上路啦？"菲利普问道。

"我想再看看我自己的乡村，我想再看看我自己的乡村！"

两个侄子中的一个尖酸刻薄地打断了他：

"跟他说留下。他还没有恢复理智。"

老伯爵涨红了脸。

"这两个臭小子过去六个月都没来看过我，现在倒来了！他们一听说我要离开就赶过来了！"

"叔叔，喂，冷静些……"

"你们看看，听说我要回城堡，他们的脸都吓绿了！这两个毛小子享受我的财产，挥霍我的黄金，压榨我的土地，要让我破产啊……"

当然，这看上去很像是迫害妄想症，一种在老人中很常见的精神失常。可看看侄子们惊慌失措的样子和他们缀满花边的服饰，可以感觉得出来老伯爵的指责不是胡言乱语。

"……我的家人用阴谋诡计把我关在这里！"老人继续破口大骂。

"别听他的，他胡说八道，无关紧要的情绪发泄罢了，医生，他总这样。"

医生做了个手势，把两个侄子叫到旁边。

"我想他还没有完全恢复正常，但确实好多了。我没有理由阻止他离开……"

"但是先生，他状况还不好，不能让他离开啊！"一个侄子强烈要求。

在他们身后，老伯爵再度明确态度：

"我要走！我要走！快走，马车夫！"

马车夫是个谨慎的男人，一动也不动，神情尴尬。到底该听谁的呢？

"你等什么呢？蠢驴！"老人责骂道。

"走吧，旅途愉快！"菲利普一边说，一边跟马车夫做了个手势。马车夫松了口气，驾着牲口，沿着砾石路离开了。留在马车后面的，是正在花园里散步、对发生的一切兴趣盎然的女士们，还有老伯爵愤怒而震惊的侄子们。

稍后，菲利普经过楼上几条漆白的走廊，停在了另一位有名望的寄宿者——沃德朗夫人的房门前。管家跟着他，一脸不悦，大概是不高兴看到菲利普刚刚那么巧妙地应付了老伯爵的侄子们。

"她今天早上怎么样？"

"已经恢复进食，不再提自杀了。"

"我想她的忧郁症已经好了。"

"她也要离开吗？"

"或许吧。"

"一天之内两个人离开？贝洛姆先生会不高兴吧。"管家的语气里带着警告。

菲利普没有回答。他敲了敲门，听到有人轻声说"请进"，就只身走进房间，重重地关上身后的门。沃德朗夫人躺在床上，手臂和胸口裸露着，热切地看着这位朝她走来的年轻医生。

菲利普看到他的病人穿戴讲究、妆容精致、眼睛炯炯有神，觉得她确实好多了。在她或他的贞洁被玷污之前，是时候让她离开这里和家人团聚了——因为他意识到，他的治疗方法有副作用。他的同僚们喜欢给病人放血、使用药剂，他则喜欢经过长时间和频繁的谈话让病人恢复正常。谈话疗法通常都非常有效：两个月前这位女伯爵还拒绝开口和进食呢！可一次又一次面对面的谈话，有时会让一些女病人跟他产生尴尬的亲密感。

"现在您觉得活着怎么样？"他一边问她一边在床头坐下。

"我觉得不那么悲伤了。"丽人低语。

"听您这么说我真高兴。您丈夫来看过您吗？"

她听到"丈夫"两个字时稍显愠怒，低垂着眼帘。

"来过，他昨天来过了。他觉得我好些了，希望我回家。"

"您真幸运，有这样一位体贴的丈夫。"

"他确实很体贴，但他并不了解我。"

"慢慢来。他这么体贴，告诉他您的忧虑，他会理解的。"

她高兴地笑了。

"我真怀疑呢！"

"为什么？"

"我已经认识了另一个完全理解我的男人。"

"真的吗？"

"这个男人知道我灵魂里最细微的颤抖。"

"有个知己真幸福。"

"一个善良、感性……也很坚强的男人。"她低声说，同时还用热烈的眼神看着他。

"他是谁啊？"

"您呀。"

他很吃惊，并没有想到她会如此直接地表白。

"夫人……"

"您使我重新活过来了！"

"夫人，我是您的医生……"

"您让我认识了自己，可爱的先生！"

"夫人，您误会了，我只不过尽我的本分罢了……"

她抓住他的手，放在她的胸口，喃喃细语：

"来感受我的心跳！"

他想站起来，离她远点儿，可又担心伤她的心，她现在还很脆弱，拒绝她的感情可能会导致忧郁症复发。要怎么做呢？他正想着，却看到女伯爵的脸在接近他的脸，微微张着嘴唇，嘴角的笑容里期待着一个吻……他害怕自己禁不起诱惑，这张脸太有魅力，而身旁这唾手可得的身躯也使他心神荡漾。他费了好大的劲儿，闪到一旁，痛苦地吸了口气。

"夫人，您太诱惑我了，哪个男人不拜倒在您的石榴裙下呢？可我是您的医生……"

她又生气又着迷地看着他。浇熄她的热情却没有伤害她，他想，再小小升华下会更好：

"夫人，夫人，我们有着相互理解的美好关系，而不伦关系里有那么多让人忧伤的不确定因素，会贬低破坏我们现有的情谊，您怎么看不到这样的风险？您刚刚被治愈的疾病可能会让您晃了神，但我知道您最真实的样子和您本性里的美德……"

保住了名誉，也履行了医生的职责。他离开房间，听到走廊上巴朗东响亮的声音，巴朗东是他在这间疗养院的一个医生同事。

他们两个一点儿也不像：巴朗东是个吵闹而朝气蓬勃的壮汉，有着搬运工般壮硕的肩膀，说话大声而笃定，热衷于讲医学系学生中流行的黄色笑话，当然菲利普从来不喜欢这些笑话。刚接触时，巴朗东的粗鲁和傲慢让他难以忍受；可渐渐地菲利普发现，在巴朗东看似粗俗的表象之下，却是个好同事：那些他认为更适合菲利普细心谨慎的医疗方式，而非他自己专制方式的病人，他会毫不犹豫地转手给菲利普。必须要说，巴朗东拥有一种才能，仅用他打雷般的声音和不可抗拒的眼神就能让最极端疯狂的病人安静下来。可惜的是，他擅长使用比普通的物理治疗更不合理的方法：淋浴和放血，强力泻药，而这些处方让他的收费大幅度膨胀。

"嗨，我的朋友，你的病人们今天怎么样？"

当其他同事带着巴黎医生的傲慢，看不起菲利普这个外省人，都还冷冰冰地用"您"来称呼他的时候，巴朗东率先在他们两人间使用了"你"这个字眼儿。要是他的治疗方式不那么粗鲁，他就会是个更加和蔼可亲的人。

"今天他们还不错，"菲利普回答，"我让两个人回家了。"

"甚至这位漂亮的沃德朗夫人？你这样做就不对了。如果我有这么迷人的病人，一定要留着她，整天面对着那些爱唠叨、一大群人都搞不定的老太太，总得让自己喘口气啊！"

"她们要是听到你这么说可就糟了！"

"别紧张啊，同事之间放松点儿，又没有害处！刚好，你陪我一起，我要去给年轻的男爵夫人放血。"

"在草地上举止失态的那一位？"

"正是她。"

两人并肩走在走廊上，菲利普试图让巴朗东明白，这个年轻女人身体很弱，之前的放血治疗并没有让她平静，只让她更虚弱。她现在的性兴奋通常只是过渡状态，或许可以稍微用些镇静剂，等她自己平静下来。可巴朗东什么都听不进去。

"她的性兴奋是情绪过激引起的！只要放点儿血，一切都会好起来的。"

而支持他继续这一疗法的有力证据就是，这个年轻女人是在她月经突然停掉之后发病的！

在房间里，一切都预备好了。两个身强力壮的护士把这位年轻女士按在床上，而第三个护士已经把陶瓷盘放在了为放血而露出来的病人的小腿下方。男爵夫人眼睛紧闭，脸涨得通红，大声惨叫着：

"不要，不要，不要，不要，不要，不要……"

精神疾病使她变成了另外一个人，仿佛在脸上戴了僵硬的面具。在这副面具下，虽然头发凌乱，眼神游离，但从她一只机灵的眼睛里能猜出她生病前是怎样一个人：眉清目秀，表情温柔而诚实，在意别人的感受，不起争端。

"安静，夫人，"巴朗东用雷鸣般的声音命令道，"都会好起来的。"

年轻女士张开眼睛，用极其鄙视的眼神看着巴朗东，然后转过扭曲的脸，重新开始她的单声调："不要，不要……"

尽管护士们用力按住了她，她还是拼命挣扎，全身扭曲，床单被她弄得又皱又乱。菲利普心下闪现一丝难过，因为他发现，她把床单尿湿了，肯定是因为刚才太用力要逃开被人放血的命运而造成的。

巴朗东动作麻利地在年轻女人的小腿上绑了止血带，摸到脚踝边的动脉，用探针一扎，暗红色的鲜血冒了出来，很快涌流到陶瓷盘里。

"看吧，"巴朗东叫道，"我就跟你说，她身体里血太多了。"

病人躁动着，全身痉挛，那些护士脸涨得通红，更加用力地把她按住。男爵夫人大声喊叫，而血很快就没过陶瓷盘的盘底了。

菲利普再也看不下去，转身离开了。

走到花园里，他遇到贝洛姆先生，这家疗养院以他命名，而他正是这家疗养院的院长和所有者。这位先生看上去总是志得意满。他正散着步，穿着华丽，大腹便便，一脸的高兴和狡猾，十足像是个刚刚做成一桩好买卖的掮客。

"亲爱的医生，我的寄宿者们怎么样啊？"

"沃德朗夫人好多了……"

"啊，你想说她可以离开了？"

"我想是的。"

"但她还是有点儿忧郁吧？"

"哦，一点儿也没有了，我向您保证。"

"可让她多待几天，完全度过康复阶段，这样做不是更谨慎些吗？"贝洛姆接着说，他正是用这种虚情假意取得很多成功的吧。"此外，您没有别的消息吗？"

"啊，有，吕赛尔纳伯爵先生今天早上离开了。"

菲利普这样说着的时候，心里就已经知道对方想要把对话引向哪里，他完全没有办法逃掉对方设下的这个局：

"您说吕赛尔纳伯爵先生，您知道他对我们意味着什么吗？"

"一个有些古怪的寄宿者？"

"每个星期两百里弗尔的膳宿费。"

"可是……"

"每个星期两百里弗尔的膳宿费。您说今天还要让沃德朗太太离开？您想让这家疗养院倒闭吗？"

"当然不是，我……"

"全靠我，您才有这么多的病人和可观的诊费，不是吗？"

"呃，当然。"

"那么就好啦！一切都很清楚！我很确定我们这位美丽的夫人会很享受在我们这里多待几天的时光。为了防止她心里产生回家的想法，您要特别照顾她，每天都去看她。"

"可是，我并不觉得……"

"听着，如果您不想再照管她，我可以把她交给巴朗东。她的家人很喜欢他，他曾经治疗过她的表姐妹们。"

贝洛姆盯着脸色苍白的菲利普暗自得意："这些小医生，没那么难处理嘛。"

有那么一刻，菲利普想朝贝洛姆脸上丢去辞职信，可有什么用呢？这样做只会让事情更糟，他的病人们就会在巴朗东或其他医生手里被放血。

"如果您坚持，先生，我会建议她多待几天的……"

"我就喜欢我们互相理解，"贝洛姆笑着说，"再见，亲爱的医生。"

菲利普看着他走远。治疗精神病人已经够困难的了，还要任由一个随时决定你薪水的人摆布，这让事情更困难了。

2

一七八九年六月二十五日

被巴朗东放血的那位年轻女病人虚弱到一个危险的地步,性命堪忧。而这并没有让我的好同侪灰心,他把这恼人的病情恶化归因于意外发作的虚弱,当然与治疗方法无关。

而这位年轻女人的家人越来越无法承受她的疯病,她丈夫为了喘口气,已经公然有了情妇,我想没有一个人会为这个可怜的灵魂消逝而真心哭泣。

巴朗东,他却不绝望。他的病人贫血,呼吸困难,他就用他认为有效的药剂帮助她呼吸顺畅:小牛肺炖的糖汁。我把糖汁的制作方式抄写如下:

把两斤小牛肺叶用冷水洗净,切成小块,和五盎司椰枣、同样多的红枣、葡萄干、疗肺草叶片、一盎司甘草,加两斤半[1]的水，全部一起放进锅里盖上锅盖，隔水滚六个小时。然后把汤汁倒出来，让其沉淀后再过滤，加入四斤糖，用蛋白濯清，这样糖汁就做好了。

既然肺是掌控呼吸的（我认为其实是失血过多导致她呼吸困难），那么用小牛肺和带"肺"字的疗肺草，就能让病人的脸颊重新红润起来、呼吸顺畅起来。对，就是"肺"，我跟您说！

我们似乎正处在启蒙时期，可每一天我都发现，启蒙的亮光并没有照进疯人院。

如果我对伏尔泰、达朗贝尔、狄德罗、孔狄亚克[2]、孔多塞和其他巨匠的理解没有错，上述的启蒙运动至少教导了我们两个基本原则：所有人都有权利被尊重，仅因为他生之为人；知识的传播仰赖于理性严谨的运用，而理性正与宗教教条、传统或权威的论述截然相对。

可我，却在我作为心灵医生工作的地方，观察到与这些美好的原则完全相反的事：人们限制甚至虐待疯子，好像他们已然失去作为男人女人的尊严而变成了动物；给他们的治疗方式也都是从一些不清不楚甚至完全没有验证过的理论而来，没有人质疑这些理论，理由是前辈们都这样做，或因为那是我野心勃勃的同事们为了巩固自己的声誉而发明出来的。欠考虑的放血（我并不否认放血可能对治疗某些疾病有效果，但要用方法验

---

[1] 原文中用的是 Livre，法国旧时的重量单位：古斤。1古斤约合489.5克。
[2] Condillac，一七一五年至一七八〇年，法国哲学家、认知学家。

证）；以病人因情绪过激导致太热为理由的冷水淋浴；而当医生决定用比较温和的方式治疗时，则使用大剂量的糖汁和煎剂。这些糖汁和煎剂如同法国各地五花八门的菜色，各式各样的混合物，成分不同，根本不可能确定在罕见病例中，到底哪样是真正起作用的最主要成分，因为罕见病例的处方总会有些变更。

其实，比起比塞特 (Bicêtre) 或主官医院 (l'Hôtel-Dieu)，贝洛姆疗养院算是充满温和谨慎的治疗方式的天堂！在比塞特或主官医院，病人都是平民，他们被打、被锁上铁链，而药剂更加苦涩，根本不会像在这里，为了易于入口而加上昂贵的糖。甚至像精神失常这样最糟糕的病况，穷人承受的也总是比富人更可怕。

该停止这些让人难过的思绪，它们只会让我情绪低沉，却不会帮助我更理解病人，或让我的想法推动职业生涯。不如学学我的朋友让‐安托万·沙普塔尔面对这个世界的不完美，他虽然忧伤，可他也会马上致力于找出可能的改善方式。

还是有一个高兴的理由：昨天，大部分神职人员和差不多五十位贵族代表加入了第三等级[1]，现在第三等级被称为国民议会。

这预示着，法国人将不再被分成好几个等级，等级制度快要被取消了，而所谓的"国民如兄弟"终于要实现了。看到这样大的变革，让我怎能不感动？到现在，国王只同意了国民议会提出的改革建议中的一半，因为许多反对派围绕着他，对他

---

[1] 法国旧制度时期，神职人员和贵族之外的人都属于第三等级。

有不好的影响，以至于他无法同意更多的改革建议。可我们的君主，人们说是个好国王，关心人民的福祉，最后一定会被这个代表全法国人民团结一致的景象说服。

菲利普放下写日记的羽毛笔，抬眼向四下望去。这个房间堆满了书，可以闻到淡淡的烟草味和旧书的味道。他在福苏瓦耶尔街(rue des Fossoyeurs)租了这套一室一厅带家具的简朴公寓，他喜欢这里，一个单身男人的避难所。房东是个很有风韵的寡妇，像母亲一样照顾着房客们。她出生在阿维尼翁，他觉得他们俩就像是奥克省流放在巴黎的大家族中的成员。这公寓离卢森堡公园只有几步路，他很喜欢在公园里散步。离公园不远就是医学院，尽管他已经是医生了，还是时不时去上知名教授的课。

他合上日记本，移开还剩了一片面包的盘子、一个红酒瓶，把满是他细长字迹、散乱的纸张整理好，然后打开一本他让人从英国寄来的皮面精装巨著——《精神病编年史》，作者是伦敦精神科医生珀费克特，命中注定的名字[1]。

几天以来，他一直在读这本书。这位英国同行描述了上百个精神病患者的病例，他们病情的演变以及相关的治疗方案。其中有很多是强迫症和忧郁症患者的病史，也有几例有趣的妄想症。有个旅店老板认为自己的脚是玻璃做的，就用秸秆做成的套子套起来，不再敢出门，怕弄碎他的玻璃脚并伤及他人……有个面包师认定自己是黄油做的而不敢再接近烤箱，担心自己因靠得太近而化掉……有个忧郁的画家，觉得自己的骨头被蜡油做的完全一样的模型替代了，从此不敢起身，生怕自己因重力作用变弯……另有一个病人，非常富有，却因为担心

---

[1] 珀费克特在英文里是"完美"的意思。

破产而得了忧郁症，拒绝起床，因为害怕衣服会穿坏……大量的医疗轶事，菲利普读得津津有味，迫不及待地去发掘那些与他在实践中遇到的相似的病例。只是当他读到治疗方式时，很快就失望了，仍然是淋浴、热水澡、冷水澡、放血、药水合剂，没有系统的治疗方案，尽管治疗方式温和一些，也更尊重病人一些。英国人的确一直用法律来保护人权，这种进步也表现在他们看待精神病人的方式上。

他读到累了，才起身换衣服。他的朋友让-安托万·沙普塔尔今晚被邀请参加一个沙龙，会来他家带他一起去。认识了让-安托万，就得准备好出现在最闪亮耀眼的社交圈里。

有人敲门。

"皮内尔先生？"

他听出来这是房东韦尔内太太悦耳的声音。多年来巴黎的生活并没有改变她那普罗旺斯乡音。

"我给您拿来了汤。我想您没有吃饱。"

她很漂亮，脸部轮廓细腻，高挑，充满活力。有时他自问是否有可能……但她过于直接的方式，在他看来她甚至像母亲一样施予的照顾，让他没法想太多。他能感受到她对于去世的丈夫多么忠贞，不是他胆怯不敢去追求她而这样想，只是因为他决定维护她的贞节。

"您真好……"

"您吃完后，把汤盘放在楼下的桌子上就好。"

"真是太谢谢了……"

她转身下楼去,他听到她的声音从楼梯上传过来:

"好好吃饭,好好吃饭,光看书肚子可不会饱!"

他尝了尝汤,味道好极了!在人生旅途中有这么多人为他着想,他实在感觉受宠若惊:韦尔内太太、他的朋友让-安托万……上帝啊,话说让-安托万就要到了,他还没准备好呢。

他停在衣柜前,更确切地说,是两套有些过时的衣服前面,穿上这样的衣服去参加朋友的婚礼或许还凑合,可去参加巴黎的沙龙就不一定好了……

3

晚些时候，他被让-安托万训斥马车夫的声音给吵醒了。

"不是从这边走，看吧，我说了奥特伊！朝帕西城门，走皇后大院！"

他睁开眼。小小蜡烛头照亮摇晃的马车厢，在微光里，他端看着他的朋友，让-安托万·沙普塔尔，还是这样没有耐心，却总是聚精会神、开开心心的。

"啊，你醒了啊，我亲爱的菲利普。看得出来你的女疯子们把你累坏了！"

菲利普觉得让-安托万从来不会累。他有着娃娃脸特有的红润，精神的蓝眼睛放着光，虽已过了三十岁却仍有年轻人的热情，身体总是在动，善于言辞。感觉得出来，他不费什么劲儿就可以掳获女人的心。

"继续休息吧。我要带你去的这个沙龙可是顶尖的，要努力在谈话中保持我们的地位呀。"

菲利普笑了，主要是让-安托万本人需要保持地位。菲利普来巴黎找工作时，他留在了南方，一路仕途通达：蒙彼利埃特别为他设立了一个科学教授职位，他在工业领域，擅长实践化学工程，声名远播，连美国都承认他在这方面的权威，而一桩豪门婚姻更是让他成为朗格多克的大地主。国王本人还亲自授予他圣米歇尔勋章，这让他的一切成就都闪耀着光环。

在此期间，他，菲利普，只是成为一名小小的医生，还要依附于像贝洛姆这样的人生存。然而，他们的友情，始于图卢兹大学的长椅，远远超越嫉妒，他们更多是彼此互相欣赏。

"跟我说说你要带我去的沙龙吧。"菲利普说。

"简单来说，尽管在奥特伊，那仍是巴黎最顶尖的沙龙，爱尔维修夫人的沙龙。"

"爱尔维修？那位哲学家的妻子？"

"那位哲学家的遗孀。"

外面传来嘈杂声，醉话、喊叫、歌唱。他们看见人们举着火把走过去，火光照亮了武器。这是士兵们刚刚结束寻欢作乐，还是一场暴动的开始？

"这一切在我看来都不怎么好，"让-安托万说，"我从没见过巴黎像现在这样。"

"我们正见证时代的巨变。议会……"

"我知道，我知道，我也很支持改变。可这一切让我想起化学实验。一开始只是很有趣的小火光，然后砰的一声！屋顶没了！"

"你在担心？"

让-安托万笑了。

"你知道我并不是爱担心的人。但我觉得他们正把太多根本不相容的团体混合在一起。"

"你指哪一些？"菲利普问，他认为最近发生的事，只会给人理由去相信一个更好的社会将要到来。

"野心勃勃的资产者，分裂的贵族阶级，最近一直饿肚子的平民百姓……还有，尤其是我们的首席化学家，我觉得他可不怎么聪明啊。"

"你是指国王？"

"当然啊，但我不想你在我们抵达前太累！再睡一会儿吧，我看你快困死了。"

过些时候，菲利普被奶牛的哞哞叫声吵醒了，他们应该是已经到了帕西农场附近。他们抵达目的地时，他才彻底醒过来。

4

房子里灯火通明,到处都是闪亮的镜子,层层叠叠的镜像让房子显得更大更明亮。宾客们衣冠楚楚,悄然按着装等级分成一小群一小群,聚在一起谈着话。当中有不少女士,有些还相当优雅动人。房子又大又雅致,镶板客厅一间连着一间,看得出来,这位已离世的哲学家,同时也是包税官[1],曾多么富有。

菲利普走进门,和上了年纪却依然美丽的爱尔维修夫人打过招呼,不由得感受到全场充满了对那些现代伟人生前提倡的理念的尊崇,可敬的爱尔维修夫人跟这些人都有过交情:伏尔泰、狄德罗、达朗贝尔、富兰克林、大臣杜尔哥等,所有这个世纪哲学和政治领域的大师。菲利普想到今天有可能会遇到的那些人:拉斐特先生从附近过来,美国大使

---

[1] 法国十七至十八世纪旧制度下收集间接税,并且向国家缴纳定额税的人。

托马斯·杰斐逊也是。

爱尔维修夫人去招呼新来的客人,便把他一个人留在客厅的入口,而让-安托万已经去了另外一间客厅。

菲利普有点尴尬地往前走,期待重新碰到爱尔维修夫人,而她会因着热情的待客之道,把他介绍给一小群健谈的人,可到处都看不到她。他非常不安,觉得他的穿着是全场最差劲儿的,何况自己又不是什么重要人物,没有任何女士会注意他吧。

他踌躇地游走在宾客中间,很快就听出了谈话的主要内容。似乎所有人都在讨论最近的政治事件:在无数次的推诿之后,国王终于邀请神职人员和贵族阶级参与第三等级,可同时又有风声说他命令外籍兵团监视巴黎四周。一位女士大胆地指出这些自相矛盾的决定正是国王的典型态度,他似乎没有能力做一个干脆的决定,向来都是一做决定马上就后悔,然后期待着与他的决定相反的状况发生。

走到另一间客厅,他又看到让-安托万。后者可不在意什么政治话题,已经用他的本事搭上了今天晚上最迷人的女士。看她的着装起码是个女伯爵,正起劲儿地跟他谈着启蒙运动的火燃烧到整个欧洲所带来的幸福,而他却慢慢地把这位被哲学深深吸引的女士,一点点引向灯光昏暗的小走廊。

另外一间客厅里的人,健谈又优雅,菲利普根本不敢靠近。这样的社交活动让他越来越惊慌失措。每次当他试图开口讲话,却又因耻于自己的南方口音而把话吞了回去,他真受不了自己。他走过去，靠在壁炉边上，假装自己谈话太多需要休息一下，而事实上他还没参与过任何一场谈话呢。突然，两个高大的男士一面说着话，一面向这边走近，就像两颗划过夜空的闪亮流星。菲利普马上认出其中一位：热情的蓝眼睛，高高的颧骨，诗人或音乐家特有的优雅的鹰钩鼻，有些发白的头发，美食爱好者的丰盈身材，是孔多塞，他曾在法兰西学院科学院的一次研讨会上见过。另外一位，红棕色头发，大下巴，有着将军的坚定表情，听口音应该是托马斯·杰斐逊。两个人的神情都朴实而庄严，自信却不骄傲。

他们不过比他年长几岁，可在他们面前，菲利普觉得自己就像个孩子。孔多塞，他是侯爵，法兰西学院院士，伏尔泰和达朗贝尔的朋友！这个高贵的人，宣扬普选制和平等权利，犹太人、新教徒、殖民地的黑人，甚至女人都拥有一样的权利。杰斐逊，新成立的美利坚合众国的大使，亲手写下《独立宣言》的男人，而《独立宣言》正是法国启蒙运动在美国的实体化表现！

菲利普内心激动不已。当代如此伟大的两个人，离他这么近！毫无疑问，他们俩正在谈着永远不退流行的话题……这一刻，他觉得来巴黎后受的所有羞辱都一扫而光了。

那两人并没有注意到菲利普，因为他一动不动、害羞地注视着他们，都快和壁炉融为一体了。他们离他越来越近，他可以分辨他们俩的声音，杰斐逊美国口音很重，孔多塞则断句清晰。

"我亲爱的朋友，您觉得这位女士怎么样？"

"打扮入时,却没什么特别之处。"

"听说她和谢米侬先生有一腿。"

"如果连谢米侬都可以和她有关系,那么所有人都可以。"

菲利普琢磨着要不要把这些记在日记里,好留给子孙后代。但杰斐逊似乎回过神来了,他用能拉开门的力道扯着嗓门,还带着美国口音,问孔多塞:

"亲爱的朋友,说到底,为什么我们总是被女人干扰,而不是讨论些更有深度的话题?"

"荷尔蒙作用,亲爱的朋友,荷尔蒙暴政比一个国王的暴政更可怕。"

是的,菲利普想,我要把谈话内容记下来,因为他们谈到了政治,有深度的话题。

过了一会儿,让-安托万重新出现在他面前:

"嘿,你晚上过得怎么样?"

菲利普·皮内尔发现他的朋友神情迷离,似乎还带着他说不清的深深的满足感。

"很精彩。虽然并不像你刚刚经历的精彩那么触手可及。"

"啊,你发现了啊……那么你所发现的精彩是什么?我在这里只看到壁炉,装饰得很精美,但是……"

菲利普朝那两位健谈的人点点头,他们两位在离这里不远的位置坐下了。

"瞧瞧,"让-安托万说,"两位有趣的人……"

"两个伟大的人。"

"我们去跟他们聊聊吧。"

"你想多了吧!"

"当然要去,你知道吗,我刚刚才做了比这难很多的事,当然我不会跟你说细节的……"

他拉着他的朋友走了过去。

谈话进行得比菲利普想象的要好得多。孔多塞和杰斐逊很快就注意到前来交谈的这两位,不是仅仅心怀仰慕而没有自己思想的人。今晚所有人都跟他们谈政治,把他们累坏了,而这两人聪明到甚至不用政治话题来烦扰他们。让-安托万很快就和美国大使谈到双方都很感兴趣的领域:改善农业生产的方式。菲利普则跟孔多塞谈及他自己擅长的:数学和概率。菲利普越来越放松,在这位哲学家和善的眼神鼓舞下,很快就讲到了让他最挂心的话题:精神病患的治疗,以及如何让启蒙运动的光芒也泽被这些可怜人,而不是让他们像动物一样被关在笼子里。

"我向您保证,先生,就算是最失常的精神病患,仍保持部分的理智,也能感受到公正。"

"我相信,先生,那您可得花时间为这些不幸的人争取革命的胜利。因为连殖民地的奴隶都可以自命为王八揭竿起义……而您的病患们……"

"没错,可能最不幸的就是不能为自己辩护。"

"但我觉得他们没有那么不幸,因为他们已经有了一位辩护人……"

菲利普听见自己正在跟一位如此杰出的哲学家交谈,这让他恍若置身梦中。然而他没有惊慌失措,反而感到自己的思路越来越清晰,前所未有的清晰。他想到了要提出一个新的论据,并坚信这个论据一定会受到欢迎的。突然,他的思绪戛然而止,啪嗒一声,好像身体里的另一个自己苏醒过来。

在客厅的另一头,一位女士正和爱尔维修太太聊天。她着一袭深色衣裙,举止端庄,轮廓很年轻,脸上带着这世上少见的温和。

烛光里,菲利普无法分辨她的头发是棕色还是栗色,只能看出她的脸白皙得很自然,瞳孔是金色的,颈项修长细腻。之后,她好像在跟爱尔维修太太告别,露出羞涩的笑容。

他内心不觉汹涌澎湃,想要跟她讲话的愿望是多么强烈啊!

可要怎么才能离开孔多塞先生呢?这位先生喜欢和他聊天,这是多大的荣幸啊!更何况,哲学家正聊到概率的计算方法说不定在医学领域很适用,可以测量出治疗处方的有效性。

"……把得同一种病的病人分成两组,再把要评定效果的两种药物分别给两组病人服用,然后来比较两组中被治愈的人数,这有可能吗?"

菲利普想,这正是他长久以来希望实行的计划。

"先生,事实上,医疗要进步,这是必不可少的方法。不然医生就像其他任何人一样,每个人都用自己喜欢的方式随性地开处方给病人，而最后只保留对他自己有利的成功病例……"

当他回答孔多塞先生的问题时，他看到爱尔维修太太正陪着那位陌生的漂亮女士走到门口。她要离开了，她离开了。

"对您的这门艺术，我懂得不多，"孔多塞进一步友善地说道，"但在我看来，困难在于如何确保每组精神病人得的是一模一样的病。"

"确实，先生，这是个巨大的障碍。因为我们精神科医生还无法像其他领域的医生一样，细致地给精神病归类。"

同时他想着：怎么才能再找到她？

屋外，奥特伊一派乡村景象。夜，寂静极了，无法想象军士正在巴黎四周监视。

两位朋友一起走了段路，但让-安托万跟菲利普说，之后他们要分开，因为刚刚那位女士约他在不远处见面，就在她下榻的旅馆里。菲利普也跟他分享了个天大的好消息：

"孔多塞先生邀请我去法兰西学院科学院做一次演讲，分享我的想法。"

"法兰西学院？恭喜！你会去的吧？我多么希望你会去。"

"我还不知道……"

"当然要去啦！那可是法兰西学院啊！"

菲利普话锋一转，马上问让-安托万认不认识那位年轻女士，就是他刚才看到的和爱尔维修太太讲话的那位。"一位漂亮的女士。"他强调。

"啊，她呀，我知道你说的是哪一个……她已经结婚啦……"

菲利普的心一下子沉了下来，说不出有多失望。那么，她已心有所属，他想。让-安托万还继续说：

"……大家说，她很忠贞。不要在她身上浪费时间了。"

"她叫什么名字？"菲利普问，他仍希望命名这个以后发梦的对象。

"那我就不知道了，我只知道她是一个第三等级代表的夫人……但我要赶快走了，我的朋友，我的夜生活在这里继续……"

"你可以打听打听吗？"

"当然，我打听看看。但不要忘记最重要的事。"

"最重要的事？"

"法兰西学院，法兰西学院！"让-安托万一边哼唱，一边消失在夜色中。

5

一七八九年六月二十五日

我和让-安托万一起去了埃尔芒翁维尔[1]散步,纪念伟大的让-雅各·卢梭。在路上,我们遇到骑警队的四个骑兵押送一个男人,这个男人被锁链绑着,就像是被关在笼子里的一头野兽,笼子放在由两匹马拉着的敞篷车上。

他长长的胡子,身形庞大,好像正在睡觉,穿着睡衣,仿佛是直接被人从床上拖下来的。

警察向我解释,关押的人是一个疯了的下士。他认为自己是中将,决心杀掉那个自称中将而他认为是骗子的人。他们只好打晕他,用锁链把他铐起来。这是非常不容易的任务,因为

---

1 Ermenonville,位于巴黎东北边的小镇,卢梭在这里度过晚年。

"巨人"在军队里以不可思议的蛮力出名。他曾参加过美国独立战争,好像从那之后就疯疯癫癫的了。

军队发现他疯了之后,没有把他吊死,而是把他送到比塞特。

骑兵们停下饮马。我看他们并没有照顾囚犯的意思,就走上去,透过笼子的木栏杆给他水喝。

他睁开眼,喝我瓶子里的水,看着我,一言不发。这眼神,不是野兽的眼神,明明是人的眼神!

他们离开了。等待骑兵们的,是军人假期,而等待他的,则是在比塞特收容所的监禁和鞭打。

在回程的路上,让-安托万费了好大的劲儿滔滔不绝地说话,才使我的心情好转起来。

七月三日

惊喜、高兴、担忧,我说不清楚。刚才收到孔多塞先生的一封信,邀请我在法兰西学院演讲。

6

一七八九年七月十四日，中午

"我们认为，把精神病当作特殊的研究领域，是不明智的……"

每次，当菲利普为了显得自然，把目光从讲稿上移开，注视着听众说话时，看到的都是坐在对面的科学院院士严肃得令人生畏的表情。值得庆幸的是，在他们中间能看到孔多塞先生的笑脸，他的蓝眼睛似乎在和善地赞许他。

头顶上，法兰西学院金色的拱顶显得极其巨大，压得他喘不过气来。可能是这地方特有的氛围，似乎让大厅膨胀起来，像在大热气球里一样。他的心都快跳到嗓子眼儿了，扑通扑通声大得让他担心别人会听到。他注意到有几个院士已经开始交头接耳，仿佛厌倦了这场演讲似的。他必须要赶快结束。

"综上所述……我要说……我要说，不应该把精神病患当作罪犯来惩罚……"

外面传来人群的喧闹声，打断了他。声音越来越大，喊叫声和分辨不清的歌声。院士们转过脸去看窗外，最年轻的那几个还站起来出去看了看。传达员从后面的小门进来，对常任秘书长说了些什么。

他们一个接着一个把话传下去。

"他们要去巴士底狱。"

"什么？"

"去巴士底狱。"

整个大厅安静下来，大家都在等外面的喧嚷过去。

外面慢慢安静下来。随着最后几声喊叫过去，一切完全平静下来了。

他应该要继续演讲，可喉咙好干涩啊。在重新开口前，他想，我再也不会让自己经历同样的考验了。

"综上所述……我要说……我要说，不应该把精神病患当作罪犯来惩罚；他们是病人，承受着病痛的煎熬。我们怎样对待肉体生病的人，也应该怎样对待脑袋生病的人。我们需要研究出最简单有效的方式帮助他们恢复理智……"

他停顿了一下。

"……先生们，感谢你们花费时间耐心听我演讲。"

"你们有问题吗？"常任秘书长问道，语气有点儿急躁。要么是刚刚的演讲让他不耐烦，要么就是同事们漠不关心的态度激怒了他。

可院士们已经又开始彼此交谈,有些站起来去观察窗外。看来,精神病患不是今天的主题。

皮内尔把讲稿整理好,从讲台上走下来,看到孔多塞正朝他走来,像一位慈父,微笑着。

"您的演讲太精彩了!好几个同事都来跟我称赞您。"

"先生,谢谢您这么好,来鼓励我。"

"不是我好,您刚刚提醒我们,所有人,包括那些疯了的人,都应该享有公正和自由。"

他们被远处大炮的声音打断了。

"您听到了吗?"

又传来好几声轰鸣,比大炮声稍微轻一些,毫无疑问是枪声。

"所有这些朝什么方向发展呢?"菲利普问道,隐隐希望他的导师可以预测未来。

"一点儿骚乱。真正的革命发生在议会。"

"您不担心会有一场大混乱吗?"

"当然有一点儿,可在法国,没有人希望爆发内战。我们的革命会比我们的美国朋友更美更温和……"

这位导师的蓝眼睛闪着喜悦的光彩,想到世界将因此变得更好,他不由得兴高采烈。

"……伏尔泰如果还在世,看到他的思想赢得胜利,将会多么幸福。自由,权利平等。启蒙思想终于在关乎人类切身福祉的领域发光了！"

"多么幸运，这些大事就发生在我身边，"菲利普想，"离开图卢兹真的太对了！"如果不是下午要去贝洛姆疗养院看诊，又快到时间了，他会继续留下来和孔多塞先生谈话。

去给病人查房前，为了知道他们的最新状况，菲利普先去找院长，但到处都找不到人。他既不在办公室，也不在花园。最后，菲利普在厨房里找到贝洛姆，厨房在这个时间照理是空无一人的。他脸色阴沉，坐在桌子旁边，桌上摆着一个空瓶子。就衣领上的酒渍来推断，他应该是把整瓶酒快速地灌了下去。菲利普很吃惊，他没有想到院长那么多的缺点里居然还囊括了醉酒。

"先生，我到处找您。"

毫无回应。贝洛姆的注意力集中在空瓶子上，眉毛紧皱，双拳紧握。

怎样唤醒他，又不让他觉得突兀？或许从好消息开始？

"我刚才和孔多塞先生谈话了。他说启蒙运动正在进行，我们的社会将会有更多的自由和公正。您听到我说的了吗？"

"……沃德朗走了。"

"您说什么？"

"您的小妇人沃德朗太太提着行李箱走了。她被暴动的声音吓到了。就在刚才，我们还听到大炮声了。"

"又有炮声了吗？是谁发射的？是不是朝巴黎人民发射的？"

"人民？从我面前经过的那些败类？这些该被绞死的人，

到处找碴儿……"

菲利普被激怒了。怎么可以质疑人民的诚意？他们所迸发的愤怒是义怒，虽然有时过于激烈，那也是受了过多的苦和不公正的待遇造成的。

"先生，您指的是巴黎人民，还有很多第三等级的代表。"

"第三等级的代表！这些做梦要成为贵族的资产家！太荒唐了！但愿他们都不得好死！"

"先生，您说得过火了！"

"上天啊！我的寄宿者们都走了！暴动赢了，这个疗养院要毁了！而像您这样的毛头小子，居然还傻傻地开心！"

"先生，我刚刚说到了孔多塞先生……"

"孔多塞先生！孔多塞先生！就是因为他，这个叛徒！让他高兴去吧！他最后一定会跟这些人一起毁灭的！这正是他该有的结局，可我们要在他之前毁了。都是因为他疯狂的启蒙运动，什么人民的自由，全都疯了！"

"可是先生，人民……"

贝洛姆咆哮着站起来，抓住菲利普的衣领，朝他吹酒气。

"人民！您说着这个词，可您根本就不知道它的含义！而我，我却知道。我在人民中出生，从人民中来，人民，人民，我知道什么是人民！解放了人民，就是释放了野兽！人民，是野兽！野兽！"

"先生，第三等级的议员……"

"所有这些蠢货，最后都会被绞死。看着吧，形势会突然转向的，我们所有人都要被屠杀！"

"先生！"

贝洛姆松开菲利普，声嘶力竭地大叫起来。

"大屠杀！大屠杀！大屠杀！"

"我们怎么能对历史生气呢？"听着院长破口大骂，菲利普想，"哎，又一个因为自己的蝇头小利失去理智而发疯的人。"

7

一七八九年十月十二日

我的同事巴朗东把他的小男爵夫人转到我手上了，因为总也治不好她，他觉得很累。她经过那些可怕的治疗仍然活了下来，是她自己的功劳。可她一恢复气力，就又发狂了。

因为那些猥亵的动作有碍观瞻，她被关在房间里，免得访客被吓坏(或者说，看得心神荡漾)。如果不是我反对，贝洛姆会把她整个人绑在床上。

之后，我每天都去看她。当她开始大喊大叫、用猥亵动作引起我注意时，我反而不理她，而如果她持续这样做，我就马上离开她的房间，过好久才回来。尽管疯了，她还是明白，要想我在场，她必须停止习惯使用的表达方式，就是她用来吸引其他人注意的喊叫或猥亵动作。这就说明了，即便是疯得最厉害的病人，疯病发作时，他们内里有个部分仍然是清醒的。需要做的，就是用坚决而温柔的态度，刺激这部分的理性运作。

慢慢地，当我在场时，她就能保持安静了。我可以对她讲话，她也回应我，只是我们的对话还不连贯。

我问了一个前来看望她的姐姐关于她的情况，才知道她是因为情伤而发疯的。

她非常爱她的丈夫，有一天却听到家里用人说漏了嘴：她丈夫和她一个最好的朋友有染。然后她就开始闭口不言，忧伤过度，周围的人都吓坏了。几个星期后，就出现了躁狂症状，再也没好过。

当然，不是所有被背叛的女人都会歇斯底里到把下体露出来给路人看，但我再次发现受挫的热忱极易引发精神病。要解释发疯的原因，她被践踏的爱只是千头万绪复杂原因中的一个，我要小心不陷入笼统的理论解释。正如爱尔维修夫人的丈夫，那位著名的哲学家所写的："如果要透过观察一览事务的全貌，只能随着事态发展进行观察，并且在毫无进展时停下来，勇敢地接受有些部分仍属于未知。"

国王解雇了内克尔[1]，又把他召回，议会想要对国王的否决权立法，他自己先是反对，后来又同意了。

---

1 Jacques Necker，路易十六时期的财政总监（一七七七年至一七八一年、一七八八年至一七八九年、一七八九年至一七九〇年）与银行家。

一个领袖可以改变主意，但又不失去威信，前提条件是，他必须让人觉得新决定是他自己考虑的结果，而不是因为被周遭人影响，或迫于当下时局的压力。

我从来没有做过国王的教师，不知道如何教出一个国王，但教我们的国王的人一定忘记告诉他这一点了。因此他的决定不是引导事件的进行，反而总在事情发生之后，所有人都认为（可能他们错了，但不重要了！）：他不是被他的顾问们指使，就是被皇后指使。他这样做，就像公开来贝洛姆疗养院看病一样，亲手毁了自己的信誉。

8

一七九三年一月二十一日

距离上次日记的时间,已有三年。三年间,我没有写一行字,然而这期间发生的都是大事!工作缠身,使我无法分心。我有太多病人要治疗、太多医疗领域的东西要写,或许也可以说,我的职业生涯转换跑道了,比起研究思考精神病本身,现在我更倾向于实践。

可今天,我要伏案疾书,哪怕睡在书桌上,也要把见到的事不带偏见、忠实地记录下来。这样,我的见证将来或许对别人有用处。

国王平静地走向断头台。可当看到他要躺上去的刑具被立起来时,趔趄了一下。他瞥向人群,仿佛在期待旧时的臣民跟他打招呼。这个人哪!直到最后一刻,仍不停止盼望!

我站得离他很近,近得看得到他那圆圆的鼻头,他那看到断头台后充满惊恐的眼神(其实他近视),和他那副与众不同的老实笨拙的样子，我很同情他。

然而，他和外国势力勾结密谋，背叛了本国人民，这罪不可饶恕。他无法面对社会阶级必须被改革才能保留下来的事实，以为自己在保全皇室，却亲手毁了它。说到底，他今天面对这样悲惨的结局，并不完全是因为他代表了不公正的统治，在他之前还有更不公正、更加残酷的统治，只是因为他不够机灵、不了解人性。他们把他培养成一个基督徒，却不是一个国王。他缺乏真正暴君的邪恶，真正的暴君至少有办法在大动荡时期保全自己，甚至在发动可怕的大屠杀之后，还能让后世子孙敬佩自己。

路易登上断头台之后，国家警卫队鼓声大作，要么是为了阻止国王向臣民发表讲话，要么是为了阻止人们为国王求情。在我周围的人，脸上的表情大多很沮丧，而不是得意。因为这关乎处死国王，而不是单纯处死一个叛国贼。

突然，国王做了个手势，国家警卫队的鼓声戛然而止，这服从让我吃惊，说到底，近来发生的事并没有完全破坏他作为一个国家统治者的形象。然而，国家警卫队军务长很快就做了另一个手势，鼓声重新响起，淹没了路易的声音。我似乎听到几个模糊不清的词，"我饶恕我的敌人……"之类的，可我不敢确定。

然后，他们迅速地把国王绑在台子上，放到铡刀下面。我还来不及反应，他的头已经被砍掉，可怕的事就这样发生了。刽子手抓住国王的头发，向人民展示这颗鲜血淋淋的头颅。

人群好像找回常态，大喊"国家万岁！"，欢呼声从四处响起。这欢呼声似乎是为了说服自己，既然罪已经犯了且无法挽回，那么就高兴地庆祝吧。断头台上流满了鲜血，好多人急忙跑过去，用手帕或纸片浸染由尸身流出的血液，给这悲剧性事件留个纪念，或是拿来在日后做可耻的交易用。

看着不断流出的鲜血，我不禁想到我的同事们乐意使用的放血疗法。就像我认为试图用放血疗法让一个精神病患恢复正常是妄想，同样我也非常怀疑，斩首国王，是否可以在这个国家废掉君主制。

这个男人本来就不擅长玩弄权术，年轻的共和国可以留他一条活路，以凸显出她的能力和正直。可就在刚才，她使他成了殉道者，殉道者通常会名垂青史。

我也想到孔多塞先生，他可比我头脑清晰多了。他早已开始捍卫这个时期的共和国理想，尽管她的组成分子里面大多数人曾经都只期待在国王统治下好好过日子，而他们刚刚才又处死了他。

然而，国民公会[1]通过了对孔多塞先生的处决。因为他一直以来支持废除断头台死刑，而他并不想为了活命而背弃自己的原则。另外他认为处死国王会让我们成为欧洲其他国家的公敌，共和国不可能在与整个欧洲的对抗中存活下来。

释放了激情，像今天这样，理性无处可容。整个国家就像一个被解开锁链的疯子，她的歇斯底里却没有就此平息。

---

1 法国大革命时期的最高立法机构，在法兰西第一共和国的初期拥有行政权和立法权。

9

一七九三年九月二十三日

　　傍晚五点，他走路到图尔农路，途中不得不给一支押送队伍让路。这支队伍由国家警卫队的骑兵组成，他们穿着无套裤[1]，押送一小群男男女女，其中有老有少，每个人有不同的出身成分：资产家、手工业者、工人，全都吓坏了，这些"嫌疑犯"[2]要被带

---

[1] 法国大革命时期劳动阶层的人为区别于旧体制而穿的带条纹的长裤，也指穿这种裤子的大革命激进分子。
[2] 在法国大革命时期恐怖统治的状态下，一七九三年九月十七日发布了一项法令。这项法令下令逮捕针对法国大革命已定罪及疑似的敌人，包括贵族、与流亡分子有关系的人、已下台的官员、涉嫌叛国以及囤积货物的人。

去卡尔姆监狱[1]，在那里他们将被革命法庭[2]宣判死刑。自从监察委员会[3]开放举报权，人们用法律规定的新罪名揭发邻居或竞争对手："反共和国言论罪"或"藐视宪法罪"，其中充斥的是个人恩怨和各种名堂的嫉妒。

他好担心这群不幸的人里有熟人，那会让他进退两难。若他默不作声，不为他们说话，他会瞧不起自己；若他也开始向政府告发自己认识的人，那么很有可能下一个被告发成为嫌疑犯的人就是他自己。

还好没有一个认识的，都是陌生的脸孔。他松了口气，觉得自己很无耻。

他转向四风街，回到家。

刚一进门，就被躺在床上的男人吓了一大跳。那人醒过来，原来是让‑安托万。

"抱歉吓着你啦。"他一边揉眼睛一边说。

"没事，看到你，是多美妙的惊喜啊！"

让‑安托万一骨碌坐起来，整个人马上就清醒了。

"我刚好经过这里，觉得还是进来等天黑比较好，不会被人看见。韦尔内太太认出了我，给我开了你公寓的门。多好的女人

---

[1] 原卡尔姆修道院，坐落于巴黎，在大革命期间被改造成监狱。
[2] 大革命期间，国民公会为了审判政治犯而在巴黎成立的法庭，为实现恐怖统治的强力机构。
[3] 根据国民议会一七九三年三月二十一日颁布的法令成立的、由十二个人组成的委员会，一开始专门列出在境内外国人的名单，"九月十七日法令"规定他们可以创立"嫌疑犯"名单，并有权逮捕他们。

啊！明天，我会离开巴黎，去蒙彼利埃，那里好像安全些。"

"你在怕什么？"

"哦，没什么特别的。但有些人会觉得我很适合'嫌疑犯'这个滑稽可笑的新头衔，多吓人啊，这个'美好'的新发明！"

"或许你可以去西班牙避避风头？"

"别为我担心，不管什么政权势力都需要我的才能。我知道怎么制造炸药，所以……但你自己要小心，你在贝洛姆疗养院里接触太多贵族了，就这，足以让你被冠上著名的'嫌疑犯'头衔。"

"刚好我也要离开巴黎。"

"你回老家吗？"

"不，我去比塞特。"

"比塞特？那个疯人院！巴黎低能者收容所！"

"就是那里。有些人支持，我刚成为那里的主任医生。"

"在侯爵夫人之后，是穷人和疯子；而沙龙之后，是监狱！"

他们开着玩笑，可当他们谈及孔多塞先生时，轻松的气氛顿时消失了。

对菲利普来说，那是这个夏天最让人难过的消息。这位哲学家发表了一篇批评新宪法的文章，更糟的是在文中还批评了某些立宪派。那些立宪派，他非常熟悉，并且在国民公会共事过。拘捕令很快就通过了，罪名是应急编出来的"传播假宪法"，死罪。就这样，两个月以来，这位共和国的哲学家过上了东躲西藏的生活，连菲利普都不知道他藏在什么地方了。

而这样的不幸难道不会降临到他的朋友让-安托万身上吗？他的成功应该也引起了不少嫉妒吧。

"千万别为我担心。我正要在夜深前离开这里。"

"那你在哪里过夜呢？"

"在一个热情待客的人家里。"

"一个女人？"

"这世界要是少了女人的慷慨，将会变成什么样啊！"

10

一七九三年九月二十五日

仆人领他经过迷宫一样、灰尘满地的镶板走廊,来到福西尼先生的办公室。福西尼先生是比塞特医院的总督察。怎样才能给这个陌生男人留下好印象呢?他从来都不太会跟上级打交道,可今天他必须机灵点儿,好让这位先生容许他,如他所愿地治疗精神病患。

总算打开了最后一扇门,他们来到一间很大的房间。书柜直顶天花板,大书桌上铺满了植物学的论文,其中一些是翻开的,还能看到漂亮的植物版画,上面标注着植物的拉丁文名称。一个上了年纪的男人站在窗边,迷茫地看着窗外。他身材高大而修长,有着漂亮的鹰钩鼻,年轻时体形一定很俊美,只是现在年纪大了,背有些驼了。菲利普靠近他。老人开口对他说话，目光却依然没有离开。

"您注意到了没有，这些法国梧桐给院子增添了不少景色？"

菲利普愣了一下。法国梧桐。啊，刚刚穿过大院时，他确实看到了这些树，有一刻还让他想起了他在南部的家乡。

"……十年前我让人种的，"福西尼先生仿佛提及自己的孩子一样，口气温柔极了，"春天，它们枝叶茂盛的样子真让人心醉。"

"一定是这样，先生，我注意到……"

"我想在小院子里也种一些。或者种些山毛榉。您觉得呢？"

山毛榉？那种做家具用的淡黄色的硬木头，可他想不起来这种树种在土里时长什么样子。

"山毛榉肯定是很美的树木……"

福西尼先生离开窗边，缓步走近挂在墙上的大地图。在地图上，可以看到比塞特收容所的总体规划以及附近的农场。

"您看，我做了一张植被图。这里要再种些法国梧桐，这里有七叶树。那里的步道边是榆树，现在是时候砍下来，种上新的了。我们会有上百立方米的木柴，这可是过冬的好材料啊。"

"确实是好大的一笔财富呢！"

老人得意地笑了。

"您看，我们从来没有花很多心思在树木身上，可它们毫无所求地生长起来，反而是我们过多利用了它们……"

"对啊，确实是。"

"尤其在治疗我们的病人方面，多亏了它们所含的成分……"

瞧瞧，又一位糖浆和药剂治疗的拥护者。或许，老督察在这方面有别出心裁的想法？

"……当然，难的就是如何分离这些成分，为解决这个问题，我在一帖药剂里只放一种植物……"

菲利普还没来得及表达他对这个方法的赞同，老督察继续说道：

"……药剂学只是树木带给我们的好处之一，如果说它们只能用来做药剂，那简直就是一种侮辱！它们还带给我们很多其他益处：炎热的夏天，我们可以在树荫下乘凉；萧瑟的秋天，我们可以观赏落叶的美色；万物复苏的春天，有含苞待放的花蕾；还有严冬，有木柴取暖。"

"益处真多啊！"

"是的。而且您知道吗，我们的蜜蜂很早就归巢了。"

"您还养蜂啊？"

"是呀，先生，两打极好的蜂窝呢！我让人从普罗旺斯分出的蜂群中带过来的。这些蜂蜜对我们的病人很有益处。"

这时，仆人又出现了，带着了不起的神情，说主管勒图尔诺先生到了。

老人脸上闪过一丝不耐烦。

"让他进来……极好的蜜蜂，我跟您说，从普罗旺斯分出的蜂群中带来的。来，我让您尝一尝味道。"

他走向置物架，上面摆了大玻璃瓶，里面所盛之物有着不同的颜色和清澈度……其中只有一瓶是淡黄色的，看上去是蜂蜜。"但愿他不要弄错瓶子。"菲利普想。

主管进来了。一个矮小的男人，脸绷得紧紧的，穿着朴素而雅致，很明显希望得到别人的重视。这时，福西尼先生正忙着把蜂蜜倒在一个碗里，半透明的琼浆从瓶子里流成一条细细的丝线。他头也不抬一下，向刚进来的人发问：

"主管先生，您好！您来找我有什么好事啊？"

"先生，我来接皮内尔先生。"

"皮内尔先生，他是谁？"

菲利普和主管先生互相看了看，都很吃惊。

"先生……他正……"

福西尼先生转过身，手上拿着装满蜂蜜的碗，看到跟他对话的两个人，不免有些尴尬。

"啊，天哪，当然当然，皮内尔先生，我们医院的新医生，是您。"

"正是我。"

"拿着，尝尝这绝好的蜂蜜……"

他把长柄勺放进碗里蘸了蘸，送到菲利普嘴边，好像喂小孩一样。

蜂蜜的味道很奇怪，里面有些小颗粒，带着未知的药草香味。老督察应该在里面加了些什么。

"您不觉得这对精神病患很有帮助吗？"他迫切地看着菲利普的眼睛，说道。

菲利普突然明白了福西尼先生最新的发明：用植物和植物的衍生品来治疗精神病患。

"先生，蜂蜜好极了，这毫无疑问。"

"主管先生，把我们医生说的记下来，蜂蜜对精神病患来说好极了。我叫人弄新的蜂群来。"

看得出来，主管已经失去耐心了：

"我要带皮内尔先生去参观他将负责的院区。"

"好主意。亲爱的医生，去熟悉熟悉您要工作的地方吧。您将看到大片洋槐，给几个小庭院遮阴。夏天时可香了，非常好闻。还有别忘了用蜂蜜来治疗我们的寄宿者们。"

菲利普和这位叫勒图尔诺的主管肩并肩穿过大庭院，走在空荡荡的拱廊下。这片房子是在路易十三国王统治时期建的，红砖墙面、石头墙角、高高的窗户、数不清的复折屋顶，让建筑群看起来有着势不可挡的庄严。它们可以用作一个大部队的营房，或是修道院。可早上这个时间里，大院空无一人，陌生访客应该完全无法猜出住在里面的到底都是些什么人。

菲利普知道，这些建筑里除了精神病患所住的这一区域，别的院区还住着其他病患：疥子颈患者、瘫痪病人、其他不治之症患者和困苦老人。甚至还有个监狱，现在则住满了"嫌疑犯"、贵族和不屈服的神父。

勒图尔诺一言不发，急匆匆地向前走，从他的样子可以看出，他是那种很希望被别人肯定的人。老督察并没有显出对他的敬重，他们俩好像彼此都不大互相尊重。菲利普决定去证实一下自己的猜测。

"福西尼先生看上去非常善良。"他试探道。

"没错。他叫我全权照管这个收容所。"

"任务艰巨。"

"我们的督察是个很优秀的人，可他却一心扑在种植上。如果您在这里遇到什么问题，要来找我。"

瞧，这是非常委婉的说法。他真正的意思是，"这里我说了算，不要肆无忌惮地绕过我做任何事"。这男人的权力到底大到什么地步？要弄清楚他和国民公会的关系，现在去探他的底显然为时过早。

"我建议从最不讨人喜欢的院区开始参观：躁狂精神病患区。"

"有很多躁狂精神病患吗？"

"现在有三十八个。"

"总共有多少精神病患？"

"大约两百。"

两百！在贝洛姆疗养院，那个富人的居所，他同一时期最多照料二十来个患者。可在这里，他要怎么用他的谈话治疗方式应对这么多病人？

走进另外一个院子，今天早晨以来，他第一次看到几个寄宿者，远远地就能从他们身上的灰布衫认出来是病患。一看见他们俩，这些病患就躁动起来，发音含混地尖叫着。很显然，他们是傻子。他们摇摇晃晃地走了过来，想要摸摸他俩。勒图尔诺相当干脆地避开了。其中最年轻的傻子，小个子、瘸腿，张大了缺牙的嘴，笑着抓住菲利普的手。菲利普任凭他这样做，感受得到这个年轻傻子因为能和他一起走而很开心，就像被父母拉着手的孩子！

"他们也属于您说的躁狂病人吗？"他问勒图尔诺。

"不是，当然不是。他们很安静。哦，但是不要让他烦扰您！"看到傻子挽着菲利普，主管一下子抬高了声音。

"不会的，随他，他不会打扰我。"

主管拉下脸。这样一个让寄宿者随便靠近的医生，不在意对方是否尊重他，不是好兆头！

他们靠近一座被长廊围绕的建筑，长廊旁边是一个个房间，每扇房门都是厚重的木门。在第一扇木门前，两个男人正等着他们。他们穿着宽大的蓝布衫，胡子拉碴、脸庞肥胖红润、头发脏兮兮的，举止焦躁不安，好像饿肚子的流浪汉，既不敢开口向人乞讨来填饱肚子，又不知道该如何排解饥饿感。其中一个像巨塔一样高大结实，体型怪异，而他略显愚蠢的表情让菲利普觉得与身边这个年轻傻子像极了。另外一个矮小些，却很粗壮，面色通红，满脸不屑，斜眼看着向这里走来的菲利普和勒图尔诺。年轻傻子一看到这两个人，就撒开菲利普的手，呜咽着跑开了。

勒图尔诺向菲利普介绍这两个人。像牛一样壮、傻呆呆的男人叫布瓦利韦尔，另一个狡诈的可怜人，有一个荒谬可笑的名字——马兰古[1]，让这个人显得更加不吉祥了。

"他们今天早上怎么样？"主管问。

"很安静，先生。除了'巨人'，他整晚都在叫唤。"

当然是马兰古在讲话。菲利普怀疑另一个看守布瓦利韦尔是否能把话说清楚。

"很好。来，先生，认识认识您的病患。"

勒图尔诺站在第一扇门前。马兰古挥舞着一把钥匙——一把真正的监狱钥匙：结实、无光泽、满是锈迹，把它插进锁里面。进去之前，主管从口袋里拿出手帕，捂住鼻子。

"我们从这个人开始。"他的鼻音重得不能再重。

囚室里面，幽暗不明就像在井的深处，菲利普慢慢才看清有几块斑驳的石头台阶，走下去就是泥土地面。微弱的光线费劲儿地透过小气窗，勉强可以照进来，囚室又窄又小，天花板低得只够人稍稍直起腰，两面墙是如此靠近，让人觉得简直就要压到身上了。在幽暗中，菲利普看见一个老人，花白的头发散乱不堪，如夜行鸟类一般圆睁着双眼，眼神却格外空洞，直勾勾地盯着来访者。他坐在地上，穿一件单薄的套衫，大腿露在外面。菲利普突然看清他原来被金属胸衣绑着，胸衣上连着一条短铁链，拴在墙壁上，让他无法站立起来。而他的大腿被自己的排泄物弄得脏污不堪。在他旁边有个水桶，斗室里满是

---

[1] Malincourt，由两个法语形容词组成：Malin 意为狡猾的，court 意为短小的。

桶里排泄物散发出来的臭味。

"他怎样了？"主管捂着手帕问道。

老人刺耳地咆哮，算是他的回应，可咆哮的内容听不清，只能稍稍明白是个问题。

"这是你的新医生。"马兰古逗弄他，仿佛老头儿应该为此感到高兴。

这次菲利普认为他听懂了老人简短回答中的一个词。会不会是"什么"？

"他说什么？他不会说法语吗？"

"不会，他是英国人。"

菲利普倾身俯向他。

"您今天好吗？"

他喊道：

"今天？太糟了！太糟了！"

然后他不作声地看着他们，仿佛被自己说的话吓到了。

"他为什么会在这里？"

"他是一个英国贵族的仆人。和他主人经过巴黎时，疯病发作。到处都看到魔鬼，尤其在神甫身上。他扰乱弥撒，把神父当成撒旦，殴打他们。"

听到这些话，老人激动起来，敲打自己的金属胸衣，大声喊叫：

"苍蝇王！鬼王[1]！"

"您看,他又来了。喂,布瓦利韦尔,他很脏,看他的大腿,要给他洗洗了。"

"可我早上刚给他洗过！"牛一样的男人生气地说。

"这可一点儿也看不出来。"

菲利普看了水桶一眼,水桶是半满的。

"这人患有腹泻。"

"山毛榉糖浆,"马兰古说,"让他们所有人都拉肚子。除非您禁止让他们继续使用……"

主管看着菲利普。很明显,大家都在等他成为这个收容所的医生之后的第一个决定。怎么做出正确的决定,又不会顶撞福西尼先生呢?是他发明了这个副作用极大的山毛榉糖浆。或许这是他们给他设下的陷阱,故意试探试探他?可当看到英国老人死盯着他的眼神,他下定了决心。

"停止给病人用山毛榉糖浆……暂停一段时间。"

打开另外一扇门,仍然是阴暗不明,却有一股不一样的臭味儿。

"这故事更凄惨。这个年轻人曾深深地爱上一位姑娘。"

"到这里,疯得还不算厉害。"

---

[1] 此处原文是 Belzebuth,巴力西卜,或作别西卜。《圣经·新约》中耶稣对撒旦魔鬼的称呼。

"当然。可他的心仪对象死了。他陷入极大的忧伤，然后就疯掉了。接着，他把遇到的每个姑娘都当作死掉的那位，还有，他攻击每个挽着姑娘的男人。他伤了人，所以就被铁链锁起来了。他的名字是阿道夫，但尽量避免叫他名字，这会让他很兴奋。"

在囚室里的金发年轻人很英俊，很安静，眼神忧郁而空洞。他看着他们，微笑着，用一种长期压抑着希望的声调说：

"玛丽-阿代勒？"

"这是那位姑娘的名字。"主管解释。

"玛丽……阿代勒……"

"从那之后，他只会说这个词了。"马兰古嘟囔着。

突然，年轻人亢奋起来，紧紧搂住粗壮的布瓦利韦尔的腰，要亲他。

"看哪，看哪，我亲玛丽-阿代勒了！"

年轻人向前扑腾，想拉断铁链，并用超乎寻常的音量大声尖叫：

"玛丽-阿代勒！玛丽-阿代勒！玛丽-阿代勒！"

马兰古和布瓦利韦尔对喊声漠不关心，只是继续嬉笑着，装作要亲年轻人的样子。这时，有人听到喊声，冲进囚室。进来的年轻男人头发是褐色的，身材匀称，朝气蓬勃，穿着和他两个同事一样的蓝布衫，但更为干净整洁。他一进来，阿道夫就停止了喊叫，呆呆地看着他。

"够了！你们只会激怒他！"

"那你呢,你这毛头小子……"马兰古回击道。

年轻人攥紧拳头,双臂明显地露出健硕的肌肉线条。可马兰古只是摆出一副冷笑的模样,看样子很肯定,这个年轻人不会在上级面前打他。

"先生们,请你们都出去,他需要冷静下来。"他大声说道。

"瞧瞧,"菲利普自我嘲讽地想,"我真的正在成为主治医生。"

之后,勒图尔诺告诉他,阿道夫的护卫者叫福科尼耶,事实上,通常他会用相对比较温和的方式对待寄宿者,可他不太懂得尊重上级。

"现在要看的这位是最暴力的。他以前是个商人,他的船只被英国人击沉后不久就破产了。那之后他就疯了,得了很厉害的妄想症,认为自己是世界之王。"

"他没有选对时候成为国王啊。"

"没错。不管怎样,他要所有人跪在他面前。如果不跪,他就打人。啊,其实以前他就打人,现在我们用铁链拴住他了。马兰古,他这样有多久了?"

"四年。"

"好长啊。"菲利普指出。

"精神病不容易好。"

这间囚室比之前看到的那些大一点儿,也明亮些,而且非常干净。一个高大的男人,红棕色头发,被好多铁链锁住,身上却穿得像个资产家。他自命不凡地看着他们走过来,半闭着眼睛，微笑浮在他那饱满的、刮得干干净净的脸上。

"他穿的衣服……"菲利普问。

"有个年轻的侄女照顾他，他什么都不缺。"

勒图尔诺走到那个男人面前，弯腰向他打招呼：

"您好，陛下！"

"怎么不通报就来见我？"

他的声音很嘹亮，是商行会长或国民公会议员特有的自命不凡的声调。

"陛下，我们来向您引荐新医生。"

"医生？医生？靠近些，先生。"

菲利普向前走，不知道他会说些什么。

"怎么，您在我面前不鞠躬？"

"先生……"

"先生？你叫我先生？"

"老爷？"

"您看，他疯得厉害。"

男人脸涨得通红，大声威吓道：

"我是你的国王！你的国王！听到了吧，跪下，混蛋，跪下！"

菲利普知道勒图尔诺和马兰古在看他有什么反应。这个冲突是一个考验他的机会。所以他也大声说道，比疯男人更大声：

"如果您是国王，为什么您被铁链铐住呢？"

男人一下怔住了，惊讶极了。

"铁链？对了，我是被铐起来了。都是这些疯狗，把我关起来！我，是国王！我，国王！我一定会被放出去的！我的臣民们一定会来救我！我属于我的臣民！混蛋！"

他继续大喊大叫。剩下要做的，就是离开这里，三个人退出了屋子。

在囚室外，勒图尔诺解释说：

"您现在明白我为什么在意好好看住所有这些躁狂病人了吧。"

"没有试过偶尔给他们放放风吗？"

"放风，先生？您看到的最后这一位，为了让他侄女高兴，有一天我们把他的铁链解开了，可他立刻就抓了把刀要从背后捅马兰古。不是吗，马兰古？"

"正是这样。"

"他伤到您了吗？"

"没有，布瓦利韦尔抓住他了。"

"是的，是我抓住他了，是我，是我，是我！"布瓦利韦尔高兴地大笑起来。

主管把皮内尔稍稍拉到旁边。

"这布瓦利韦尔是个老好人，但他头脑简单，有点儿傻。"

"我想我已经猜到了。"

11

一七九三年九月二十五日

昏暗的囚室、铁链、脏乱、永远吃不饱,这些不幸的人像动物一样吼叫,他们已然处于非正常状态,毫无疑问,这是一幅地狱的景象。确实,被带到这里的病人,已经失去了痊愈的希望,尽管其中有些在巴黎主官医院被治疗过。显然是物理性的治疗方式:放血、淋浴、惊吓水疗、催泻,都是些旧的治疗方式,结果可想而知。

我脑子里装着启蒙运动的思想,但来到这里,就像一个天真无邪的宣教士去到食人族部落!

我这么说那些在收容所的工作人员不太公平,其实他们对精神病患一点儿都不残忍,只是单纯的惯性使然罢了。另外也害怕病患行为不受控制带来的混乱,还得留意他们发疯时不出什么意外。我看到一些躁狂症患者发疯时厉害的样子，自己都会去确认铁链是不是够结实，必须承认，这样做时我自己有多么震惊！再说，二十来个人照顾全院两百多个病号，其中四十个都有暴力倾向，怎么可能那么细心呢？能够喂饱他们，看住他们，就已经够不容易的了。

在收容所外，法国大革命正进行得如火如荼，我希望尽我所能，在这围墙内悄无声息地带来一场温和的革命。公平和温柔，他们也需要。

"接下来我们要看到的是本院最可怕的患者。"

主管停在一扇关着的门前。一眼就可以看出,门被铁条加固了。

"您确定今天一定要看他吗?不会给您带来任何好处的……"

"这是个下士,却把自己当作将军。"马兰古带着嘲讽的口气打断他。

"……他叫舍万热,曾是阿图瓦军团的下士。几年前,他差点儿杀了自己的将军。"

"差点儿杀了将军?我想看看他。"

"如果您一定想看的话。"勒图尔诺叹口气。

布瓦利韦尔打开门。

惯常的阴暗,惯常的臭味儿。能模糊地看见一个男人的轮廓,被铁链铐在隔板墙上。他体形非常高大,胡子拉碴朝向天花板,似乎睡着了。在靠近隔板墙的地上,有一个装着剩饭的木碗,他没有用铁链锁住的那只手刚好可以够到。访客们靠近这个沉睡的"巨人"。突然,他以迅雷不及掩耳之势,抓住木碗,朝他们丢过去。菲利普的前额被击中,碗里的食物泼洒在了衣服上。他因震惊而全身颤抖。

主管气愤极了。

"舍万热,你这个恶棍!"

"巨人"在铁链里挣来挣去,吹胡子瞪眼:

"出去!出去!滚出去!"他咆哮着。

一条铁链被摔断了,像鞭子一样被甩出去。

在门外，已经有人大喊求救了。

主管搀着菲利普走出囚室。

靠着墙壁，呼吸着自由的空气，他慢慢缓过神来。

"您流血了，给，拿着这个。"

勒图尔诺把自己的手帕递给他，菲利普接过来捂住额头，额头上的伤口有点流血。在他们身旁，菲利普注意到傻子正看着他，发出哀怨的呜咽声，好像在为他难过。

"您看到了吧，真的就是野兽。"主管说。

"他应该是看到我时给吓着了，可能不习惯一下子见这么多人。"

布瓦利韦尔虽然也很气愤，但对他来说，这也不算太大不了的事情，还能容忍。

"没有比这个男人更坏的了，"他唾沫星子四溅，"逮着机会就做坏事。"

几个杂役从院子那边飞奔过来，从他们面前跑过，一路冲进舍万热的囚室。

"这些杂役们非常值得信赖，他们知道怎么做，让舍万热以后不敢再那样无理取闹。"

菲利普几乎没听到这些话。他只听到鞭打声，舍万热的喊叫声和杂役的大骂声。傻子害怕地尖叫着，跑开了。

"他们在打他？"

"教他有规矩！"

菲利普再也听不下去了，他跑进囚室，只看到杂役们舞动着鞭子，用力地抽打"巨人"。

"住手！住手！"

可在一片混乱中，没有人听到他的声音。在他身后，主管也在大喊：

"先生，先生！安静一下！"

"怎么了？"

"您这样做将威严扫地。让这些人履行他们的职责吧。"

"职责？您把这称为他们的职责？！"

菲利普冲到杂役中间，把他们推开。

"先生们，先生们，停下！"

挥鞭子的人有些吃惊，停下来望着他。马兰古代表其他人开口说道：

"先生，他把您打伤了，所以必须要惩治他。"

"要教他有礼貌。"另外一个说。

一个个粗糙的脸庞，现在全都转向了菲利普，复杂的表情里有不信任，也有对上级的尊重；这个年轻人要教他们怎么处置寄宿者，可只有他们才会每天到臭气熏天的囚室，忍受这些已经和兽类一样野蛮的疯子的拳打脚踢！菲利普从他们的表情里读懂了这些没有被说出来的话。

"你们的出发点是好的，"他说，"可这不是一个好的方式……"

他们惊讶地看着他。马兰古完全无法忍受菲利普所说的，打断道：

"是吗？那么我们该怎么做？温柔地抚摸他们吗？"

杂役们爆笑。这次，轮到主管受不了这么随便的方式了。

"安静！请安静！"他下命令，生气地斥责道。

他们闭上了嘴，但仍然傲慢地看着这两位先生，为的是让他们知道，现在已经是共和国了，不再有等级之分。

"够了！全部都出去。"

这群人低声抱怨着走出囚室。菲利普看到"巨人"昏倒在地上，一动不动，像一尊石棺上的死者卧像。他俯身靠近，检查他的状况。突然，菲利普认出了这副额头高高的战士脸庞，尽管这个人的脸上满是鞭痕。

"我认得这个人！"

可主管并没有听到他说什么。他探头看看外面的杂役们是不是已经走远了，然后靠近菲利普，悄悄在他耳边说道：

"先生，您这是在蹚浑水哪。"

"很久之前，我在路上遇到过他。"

"您这样做，会完全失去威信的！"

"他来这里应该有四年了，对吗？"

"什么？啊，对，差不多四年。"

主管继续在一旁苦口婆心地劝解时，菲利普想起和让-安托万一起去埃尔芒翁维尔时，在散步路上遇到的那一幕：骑警队的骑兵，敞篷马车上的笼子，笼子里的"巨人"，正是他们要带去比塞特的疯下士。

12

离这不远处，人们正试着治疗疯病。

圆顶大厅里，好几个杂役把一个光身子的男人绑在厚重的木凳上。他五十岁左右，眼睛里充满了惊恐和愤怒。木凳靠在连接着天花板的木梁脚手架上，脚手架的顶端有一个巨大的铜制水桶。在地上有条和街沟差不多宽的排水槽。一个男人站在边上，他就是监事长。因他无法忍受任何对精神病患没有益处的粗暴行为，正留心监督着杂役们如何捆绑这个狂躁的病人。

他叫普森（Pussin），响亮而迷人的名字，与他粗犷的外表不太相称：粗壮、厚实、强健的身形，结实的颈项，总是皱着的眉毛，薄而紧闭的嘴唇似乎总要表达反对意见，天生洪钟般的声音，带着劳作痕迹的双手，看上去，他是个不用武力也很容易赢得别人尊重，甚至让人敬而远之的人。

今天，他比以往更加阴沉。使用脚手架是主管勒图尔诺想出来的主意。这脚手架要好多人一起搭才完成，搭的过程中还有个人把脖子给弄折了。而对那些绑在上面的精神病患来说，结果也不会好到哪里去。但普森知道，主管很在意自己的这个想法，所以为了尊重他，他就服从了。而就上下级关系来说，他也只能顺从，作为监事长，他只能乖乖听话，不然就得卷铺盖走人，主管早就想让他走人了。

这时，躁狂病患反抗得更厉害了。

"滚！下流胚！"

普森吩咐他们不要绑得太紧，这实验还得持续一段时间呢。

他们继续参观，经过一个种了山毛榉的院子。福西尼先生总认为山毛榉可以治疗疯病，这想法有点儿疯狂，因为据菲利普所知，山毛榉树的成分大部分有毒，很久之前在医学领域就已经被弃用了。

勒图尔诺走在他身边，似乎对刚刚发生的事还耿耿于怀。

菲利普试着说一些友善的话来缓解他们之间的紧张气氛。但主管先开口了：

"这里的一个男人让我很担心。"

"比起其他躁狂病患更暴躁吗？"

"不是，我们已经看完了躁狂病患。我跟您说的男人，是新来的监事长。"

"这个科的监事长？"

"对。他很有才干，也有跟精神病患沟通的能力。"

"这才干对我们来说很重要。"

"是的，可现在这才干有些过头了，他希望撤掉患者的铁链。"

现在事情变得有趣了，菲利普想，那个男人跟身边这两个半野蛮人不太一样。

"释放被锁住的人，真的吗？"

"真的。他曾试图撤掉'世界之王'的铁链。甚至都没有跟我说，我还是他的上司呢。"

从主管的口气里，很容易听出后者才是大逆不道之罪。

"他还释放了其他人吗？"

"其他都不是疯得厉害的。但……"

勒图尔诺指指刚刚挽着皮内尔的傻子，他一整个早上都看着他们，惊奇又高兴地度过一个如此特殊的早晨。

"……他来之前，我们都是把傻子们关起来，可他允许傻子在收容所里到处乱走，就像这个一样。"

"这不是什么坏事。"

主管撇撇嘴：

"……不是坏事，只要他们不纠缠访客的时候。"

普森看着两个杂役爬到脚手架顶端，调整铜制桶的巨大漏斗。从其中一个杂役笨拙的动作来看，普森想他应该是喝醉了，记下来，等他从脚手架上一下来就关禁闭两天。他温柔地对待精神病患，满脑子想着要给他们自由，可对不履行职责的正常人却决不心慈手软。脚手架下，被绑起来的男人已经安静了，仿佛突然意识到自己光着身子，任何挣扎都已经无益了。

两个男人从大厅后面的大门走进来。普森认出其中一个是主管，神情像骄傲的公鸡，而另一位先生是新来的。是不是好几个月来大家一直在等的新医生？从外表看，像是个很容易被人骑在头上的人。肯定又是那些大人物们决定让他来主事的，正是这样才糟糕，正是这样这个国家才走到今天这一地步。

两个杂役跟在他们俩后面，带着两大桶水踉跄着走进来。

"多少桶了？"普森问。

"已经十八桶了。"

"倒吧，这是最后两桶。"

这两个杂役带着水桶爬上脚手架，架子危险地吱嘎作响。其他在下面的杂役把椅子连同光着身子的男人往旁边挪了挪，这男人又开始发疯地大叫。

这时，主管走近普森，而后者就像没看到他一样，继续监督着杂役们的行动。

"监事长，这位是主任医生。"他不容置疑地宣布。

普森转向他，看了看菲利普，点点头算是打招呼，一个字也没有说。然后他跟在脚手架顶端的杂役们做了个手势。

主管转向菲利普说：

"跟德国人一样，我们使用淋浴的方式。去年，我让他们做了这个装置，我们都非常满意……"

菲利普注意到普森耸了耸肩。勒图尔诺生气地看着他，继续自己的演讲：

"……再没有比这更好的方式了,可以让最狂躁的病患安静下来,并一点点恢复理智。"

"这个人,他怎么了?"

"因发明而疯了的人。以前是个钟表匠。他认为自己发明了永动机。"

果然,绑在椅子上的男人听到这些话反应很大:

"是我,"他大喊,"是我!世纪的大发明家!他们要杀死我!"

"您看到了。来这里之前,他曾试图杀掉一个科学院士。"

"您认为这个装置能让他安静下来?"

"每次经过这个装置治疗,他就能安静几天。您会看到的。"

确实会看到。脚手架的顶端,两个杂役等待着命令。下面的人围成一圈,鸦雀无声,仿佛在等待一场自己精心选择的演出。光身子的男人用越来越大声的继续喊叫抗议。菲利普注意到普森闷闷不乐地看着这场景。

"开始吧!开始吧!"主管命令道。

两个杂役把水桶一倾斜,水就像瀑布,冲淋到躁狂者的头上。他惊呆了,挣扎着,想要喊出来。旁边所有人都倒退了几步,免得被水溅到。

"重点在于水冲下来的高度,"主管继续说,"水从越高的地方淋下,就越容易让病患安静下来。"

好像是为了验证他话语的可信度,光身子的男人动作越来越迟缓,水却继续淋在他头上。

"差不多够了吧?"

"不够，差远了，今天我们要试试看把整桶水倒光，上次不太够。"

桶里的水越来越少，瀑布变成了小股水流，"发明家"的脸湿漉漉的，嘴巴大张着，溺水了似的，晕了过去。

"好了，结束了。他醒来后，将会有几天不再说关于发明的疯话。"主管满意地总结。

菲利普自问还需要多少时间，才能废除这装置的使用，不幸的是，几乎整个欧洲都用它来治疗精神病患。

杂役们开始处置对周遭失去反应的"发明家"，用毯子把他裹好，带走。菲利普决定和监事长说说话，或许将来他可以成为同盟。

"普森先生，人们告诉我，您知道如何跟精神病患沟通。"

普森停了一下，定定地看着勒图尔诺：

"只能和那些真正愿意倾听的人，先生。"

主管发怒了：

"傲慢无礼！小心别太过火！"

监事长并没有一丁点儿局促不安：

"先生，我没有傲慢无礼。两个月前，我已经替寄宿者们申请了被褥，显然没有一个人听见我说的。现在天很冷啊！还是我疯了才觉得冷？"

"你明知道现在全国都在缩减生活必需品的供应，都优先给了军队，共和国战无不胜的军队。"

"我尊重共和国战无不胜的军队，可我知道，其他科的病人都拿到被褥了。"

"我们并没有很多被褥,而精神病患从来不抱怨天气冷。"

"是,他们确实从来不抱怨天气冷,那是因为他们在抱怨前已经被冻死了。"

主管忍无可忍,转身就走。菲利普觉得必须跟着他离开,与此同时,普森叫那些杂役们回去工作。

13

一七九三年十月一日

可以预见,这个叫普森的监事长可以成为我改善精神病患生存条件的强大同盟。

我迫使勒图尔诺多说了一些关于这个男人的事。他命运多舛。他曾是汝拉省一个皮革厂的工头,后来患了肺病来比塞特治疗,一度濒临死亡,最终还是康复了。收容所的一个捐赠者发现他强势的性格可能对这地方有帮助,便提议让他当精神病科室的监事长。普森接受了,和他妻子一起入住了比塞特。

勒图尔诺承认他确实能好好管理下属,并且最大程度地限制了在监管过程中,由于患者过多而杂役过少所产生的暴力和差错。(我刚得知所谓的杂役,其中有些以前是囚犯,因为要给那些被国民公会定罪的"嫌疑犯"让出监狱的位置,所以被释放了出来做杂役。难怪,温柔不是他们看中的美德!)

医院分配给菲利普一套职员公寓，这是主任医生的特权。白墙、高窗、镶木地板，一点儿也不豪华，却有着适合研究工作的简朴，正是菲利普所喜欢的。从窗户可以看到福西尼先生心心念念的山毛榉树。此刻夜幕已降临，菲利普点燃了几根蜡烛，好读完精神病患的登记册。

这些登记册整理得很好，可惜只整理到一七九一年，最近两年的登记册他们没有拿给他。所以他叫人告诉监事长普森，工作结束后来这里一趟。他心里又焦急又担忧地等候着这个男人的到来。

正想着，听到有人敲门了。

普森来了。虽然沉着脸不太高兴，他还是按照礼节摘掉帽子——杂役戴的帆布无边圆帽。他走到靠近书桌的地方，然后直直站着。

"请坐。"

"我站着就好。"普森回答，带着一丝傲慢。

菲利普犹豫着要不要坚持。太友善反而会让这个男人起戒心。他可能会觉得这是一个人软弱的表现，或者是笼络他的方式。最后他决定怎么想就怎么说。

"好吧。我让您来，是为了请您给我报告一下我们科目前的概况。"

对方没有任何反应，像一根柱子，无动于衷。

"我想知道我们要治疗的精神病患的总数，每个月接收新病人的数目和从去年开始出院的人数……"

这话好像引起了普森的兴趣。

"……好吧，我不只想知道数字而已，更想听到您怎么看这个地方的工作氛围和对待员工的方式，还有您对改善精神病患部门整体条件的看法。"

又一阵的沉默。

"您不回答我。"

"您没有问我问题，先生。"

有趣的人，滑稽的回答，可太累人了。

"很好……普森先生，那么您可以给我写一份报告，陈述我刚刚提及的内容吗？"

"我会给您报告的。"

"什么时候？"

"现在。"

普森从口袋里拿出一沓卷起来的纸，放在桌子上。

纸页上的字密密麻麻，强劲有力，没有留白，所有资料都填在比登记册清晰很多的表格里。内容里有错别字和后来涂改的痕迹，有些字甚至是越改越错。从这些迹象来看，他受过一些教育，但时间不够久，以至于他书写的时候并不自信。做这些总结对他来说应该很辛苦，而拿给一个受过高等教育的人看，应该更让他局促不安吧。

"看得出来，您做了非常详细的总结：寄宿者的现状，住院和出院的情况。"

"正是如此。"

"我认为做得好极了。"

没有回应。

"到目前为止一百三十七个精神病患……四十个被铁链锁起来的。用了很多铁链啊，您不觉得吗？"

没有回应。必须得习惯这种沉默。

"普森先生，您不是反对现在普遍使用的铁链吗？"

"我写了吗？"

"没有。但勒图尔诺先生跟我说您想释放精神病患。"

"勒图尔诺先生是我的上司。我只是忠实地执行他的命令。"

普森迟疑了下，两人的眼神碰到一起，显然没有太多的信任。

"……我认为……我认为没有认真想清楚就滥用铁链，反而会使大部分的精神病患疯得更厉害。"

"勒图尔诺先生怎么看您的想法？"

"他禁止我解开铁链。"

"您履行他的禁令吗？"

再一次的沉默。

"我觉得您并不给予我您的信任。"菲利普说。

"信任不是给予的，是您自己配得上的。"

"什么？普森先生，您正在激怒为您考虑的人。您最好在我们的谈话越来越让人不愉快之前离开。您可以走了。"

片刻之后，他脑中仍盘旋着刚才的会面。

"信任不是给予的……说得太好了，太棒了。可怎么才能让这个人为我所用呢？"

14

秋风扫过大院，席卷落叶，傻子高兴地跟着落叶被风吹起的旋涡跑。杂役们推着小车，里面装满了过冬用的木柴，据说今年冬天会很冷。菲利普躲在办公室的窗户后面候着，终于看到主管穿着厚厚的军用大衣，经过主门廊，进到楼里。

他赶快跑到楼梯边跟他碰面。主管脚步轻快，看来心情不错，跟他刚来的那天截然不同。

"主管先生，您好！"

"主任医生，您好！"

正是这样，一点点嘲讽的语气，说明他心情不错，选对日子了。

"好冷啊！好好扣上您的衣领。"

"哈！听得出来这是个医生的建议。"

勒图尔诺笑了：

"哦！您怎么不捍卫您自己的艺术呢！"

他们友好地交谈着。傻子看到菲利普，就远远地从院子另一边一路欢快地跑过来，一边小声地咦咦叫着。可当他跑近这两位大人物，听到他们正交谈着，便小心地隔开一段距离跟着他们。

"亲爱的先生，我的艺术，不过是常识罢了……偶尔可能比常识稍微多一点点。"

"多么有智慧啊！您的病人们有福了！"

"说到这里，他们没有福，他们很冷啊！"

主管放慢了脚步，他担心菲利普话中有话。

"据我观察，"菲利普继续说，"有些精神病患非常能够忍受寒冷和疼痛，从来都不抱怨……"

"正是这样！"主管松了口气，说道。

"……可他们的身体并不比我们的抗冻。"

"真的吗？"

"真的。"

勒图尔诺指指傻子，傻子那身破旧的衣服遮不住因寒冷而发白的肚子。

"您的意思是，甚至这些人都跟我们一样？"

"我是这样认为的，可要解释就需要很长时间了……我们快到您的办公室了，里面有人在等您吧，所有人都向您有所求呐。"

"您真是说对了。所有人都有所求。"

这幅被很多央求者围绕的景象，似乎让主管非常满足。

"容许我，"菲利普说，"加进这个请求者的名单里。"

"您要什么?"

"被褥。"

"可是……"

"如果没有被褥的话,我担心到春天,三分之一的患者会去天堂。"

"三分之一!您没有夸大吧?"

"并没有,而我则不得不在登记册上写下他们死亡的原因。"

"在登记册上?"

"因缺少被褥而冻死。总院的视察员到时也会看到登记册的,他们将会很难过。缺少被褥,就会需要更多的裹尸布。"

主管快抓狂了。看到这真让人高兴,但还是不要刺激过头。

"主管先生,我确信,您不想让这样的惨剧发生。我太清楚您有多善良了。"

"呃……看看我能做什么。"

"我就知道相信您没错!先生,再见!"

回办公室的路上,傻子围着他蹦蹦跳跳。"再忍耐一会儿,"他想,"很快你也会有衣服遮肚子的。"

玛格丽特-朱布莉娜·普森看着外面。白色的屋顶让她想起她丈夫出生的汝拉省,那儿整个冬天都白雪皑皑。她的头发是深棕色的,身材虽矮小、瘦弱,却总是那么活跃、认真,有着坚定的表情,而这表情是能够管理全家内外的女人特有的。她的两个孩子,都在很小的时候夭折了,或许正因为此,她总是神情凝重，举手投足间流露出对于命运的无能为力。在这里，她协助丈夫参与管理，特别是在后勤事务上。她最主要的任务是看住主管，不让他挪用精神病患区的食物补给，转到那些会抱怨会反抗的病人区。她灵巧且不卑不亢地执行着任务，这使得所有杂役都尊重她，尽管他们并不说出来。因为她属于那类在严厉的教育中长大的人，不接受任何恭维话。她和丈夫之间几乎不怎么说话。这是一种无声的默契，两人彼此相爱着，可在他们的成长过程中，没人教他们如何说甜言蜜语和知心话。

她不后悔离开皮革厂，因为那时她丈夫所在的皮革厂，里面充满着有碍健康的蒸汽，他工作得又苦又累。然而，汝拉省仍然是她的乡愁所在。圆顶的山峰，可爱的小山谷，弯曲的地平线。这里，地平线是直的。她不喜欢大城市，到处都是成群成群的陌生人，杂乱无章。

她并不喜欢主管，因为她能感觉得出来，对方并不是真正欣赏她丈夫的能力，只是利用他控制精神病患区的整体局面，好在总督察和最高领导层那边为自己的主管工作增加业绩。新来的医生却给她留下了好印象，她曾跟她丈夫说起过，他却耍起了脾气。她怨自己说得太快，她先生有很多优点，可他无法忍受太太觉得有人比他更好。再则，这医生是位老爷，她先生常因这类人吃亏，例如主管，最后才懂得，这些人只是利用你，可你在他们眼中的价值不过是实现他们野心的垫脚石。

她观看人们在院子里的雪地上来来回回，不禁皱起了眉头。这个冬天会很冷,许多迹象都这样表明:福西尼先生的蜜蜂们建的巢脾很厚,附近小森林里喜鹊搭的窝很低,还有燕子,九月初的时候就已经南飞了。而今天天空发白,雪降下了,却没有回温。

严冬会带来许多残酷的问题。供需因战争而缩减,怎么才能让寄宿者们吃饱呢?精神病患区得到的部分更少,尽管她硬是让主管许诺他们能拿到该得的部分。这些可怜人肚子半空着,怎么有办法御寒呢?说是一定会给被褥,其他区都收到了,精神病患区却没有。这种母亲担忧孩子吃不饱穿不暖的焦虑,深深抓住了玛格丽特-朱布莉娜。多少寄宿者会因饥寒交迫而在这个冬天死去啊!

突然,她注意到主门廊那里有一阵骚动。杂役们围着一辆马车。马车夫下了马,掀开盖着货物的帆布。她不敢相信自己的眼睛。一辆装满被褥的车子!还有许多布匹,足够给寄宿者们做过冬的衣物了。她看到有些杂役已经毛手毛脚地从当中拿起东西,据为己有,责任感强烈的她,急忙冲向外面。

共和国二年葡月十二日[1]

为了排遣这一整天带来的阴霾,我把理查森精彩的小说《查尔斯·格兰迪森爵士的一生》拿出来重读了一遍。小说写到一位年轻的意大利贵族小姐克莱蒙蒂娜患上了精神病。一开始,当地医生用蚂蟥和放血给她治疗,只是这些治疗方式让她越来越虚弱,精神病却完全不见好转。值得庆幸的是,后来有人请了两位杰出的英国医生到她家给她治病。这两位医生用温柔、有逻辑的话语安抚她,并调整她的生活习惯,让她的整个生活方式更有利于恢复理智。

虽然这仅仅是一本小说,但看得出来,作者懂医道。他用不一样的方式,支持温和的精神病治疗观点。读这样的小说,

---

[1] 法国共和历也称法国大革命历法,是法兰西第一共和国时期的革命历法,目的在于割断历法与宗教的联系,排除天主教在群众生活中的影响,同时增加劳动时间。它规定法兰西第一共和国诞生之日为"共和国元年元月元日",即一七九二年九月二十二日,将一年分为12个月,依次为葡月、雾月、霜月、雪月、雨月、风月、芽月、花月、牧月、获月(或收月)、热月、果月。

是赏心悦目的事。

这本书让我想起我一直在思考的问题。每天当我聆听精神病患的言辞，我总会问这样的问题：是他们错误的思想观念引起他们过激的情绪吗？还是相反，激烈的情绪使他们出现妄想？妄想同时包括了情绪和观念。假设我得了妄想症，老觉得邻居要用毒药害我。这想法会使我处在对他们强烈的仇恨里，而这仇恨情绪的源头，是一个关于毒药的想法。还是相反，先有了我对他们的仇恨，而这仇恨制造出他们要毒害我的想法，这样我就有理由惩罚他们了。这样的话，为了治疗我的妄想症，到底应该先处理错误的想法，还是先安抚充满敌意的情绪呢？

我重新埋头去读孔狄亚克的书，对他来说，我们所有的思想意念不过是我们情绪、感受的转化罢了。读了几页之后，我感到自己正在接近一个真理，这真理从此后将照亮我治疗精神病患的道路。

只是，这些充满灵感的时刻之后，当我再去面对那些歇斯底里、用力撕扯着锁链的精神病患，仍然还是痛苦地觉得，要把理论应用到实际中，真的非常困难。

记录一下相对比较琐碎的事：昨晚我梦见一位漂亮的陌生女士，就是四年前我在爱尔维修夫人家里见到的那位。梦境奇怪极了：她一动不动地站立在一片鲜花盛开的田野中间，阳伞替她挡住了炽烈的阳光，伞下，那张脸充满了魅力。她朝我微笑着，我则朝她跑去。不幸又奇怪的是，不管我多么努力地奔跑，我仍然在原地。最后，她竟开始嘲笑我的笨拙。接下来的梦境虽然很混乱，但让人舒服多了。醒来的时候，我非常确信，自己心里深深地渴望着这个我几乎只瞥了一眼的女人。

就我这年纪，还梦见无法企及的陌生女人，真是天真得让人惊讶啊！

菲利普继续写着日记。身后靠墙的架子上摆着他收集的化石和动物头骨，他已经有一段时间没有打理它们了。其他几面墙都摆满了书，有关于自然历史的、数学的，还有几本英国精神科医生的著作，他们也认为要温柔地治疗精神病患。这个新职位的好处之一，是他终于有地方把书全部摆出来了，以前大部分都只能放在抽屉里。

有人敲门。是普森。

"啊，普森先生。请进，请进。"

这个男人的神色和上次相差甚多。他好像很尴尬，眼神有些闪烁。

"普森先生，您来有什么事？"

普森并不回答，不停地用双手转动他的小圆帽。

"请坐。"

这一次，普森坐下了。可坐下来并没能让他开口多说话。

"您想向我汇报什么事吗？"

"呃……不是的……"

"那么您是来看我的，您很高兴看到我？"

"不，不是这样的……"

"这样说来，您不高兴看到我喽。说真的，我已经有点儿猜到了。"

"不是这样……我……"

"您？"

一小段时间的沉默之后，普森终于开口说道：

"被褥……我们收到被褥了……谢谢。"

"不用跟我说谢谢。是您在我面前揭露了缺少被褥这样骇人听闻的事,我才知道的。"

"可是我没能解决这件事。"

"这么说吧,我的要求是建立在您的坚持之上的,因此才取得了好的结果。"

"我觉得是您知道怎么吓唬主管,他私下和供货商有不正当的交易。"

"真的吗?他这么正直的人也会?不会的,普森先生,我觉得只是我知道如何摸着他的心。"

普森微微一笑,这还是第一次。信任就此产生了。

这时,傻子推开半掩着的门走了进来,普森没有把门关严。傻子走进房间,惊愕地看着四周。房间里的两个男人看着他,一言不发,也好奇傻子将要做些什么。傻子看到办公桌上有一支羽毛笔,就抓了起来,嗅了嗅,好奇地观察着,然后认真地舔了起来。

普森从大衣口袋里拿出一沓布满他字迹的纸。

"我把其他一些纸页拿来给您看。"

傻子被普森拿纸的动作吸引了,高兴地奔过去想要抢那些纸。普森把纸举高,高过傻子的头,而菲利普同时把一张吸墨水纸递给傻子,吸引他的注意力。看到这份出其不意的礼物,傻子完全入迷了,一把抓住,抛下他们俩,走到房间的一个角落仔细地研究起他的这笔财富。

菲利普打开普森给的纸页,读了起来。

"这是什么?"

"报告的后续部分。我把关于躁狂病人区的想法给您写下来了。"

"您关于躁狂病人的想法?谢谢。我非常有兴趣读您的这个报告。"

普森的字写得密密麻麻,好像生怕想法太多会浪费纸张。

"……这里,您再次提到解开精神病患的锁链……看起来是非常好的想法,可是普森先生,没有锁链,怎么处置一个危险的躁狂病患?他们会攻击任何一个人。"

普森似乎重新找回了自信。这部分可是他擅长的领域呢!

"首先跟他们谈话。就算是疯得最厉害的人,也可以听进去理性的话。当然谈的时候,态度要强硬些。"

"如果他们不听呢?"

"那就用锁链锁起来,但是要让他们知道,如果他们再次安静下来,就可以被放出来。"

"如果他们真的安静了呢?"

"那就再拿掉锁链。"

"我明白了……您的意思是,就算是疯得厉害的精神病患,仍然对公平很敏锐,也听得懂道理?"

"是的。当然啦,除了他们发病、情绪完全失控的时候,那时他们是什么都听不进去的。"

"您尝试过用这样的方法释放危险的躁狂病患吗?"

普森犹豫了一下,说:

"我……我试过这样释放'巨人'舍万热。"

"当时情况怎么样?"

"他差点儿杀死一个杂役。把他放出来,我有点操之过急了。"

"这样啊……主管先生还跟我说过'世界之王'。"

"是的,用刀砍人。但这是监管不当造成的,或许事实更糟。"

"更糟?"

普森犹豫了一下,然后说道:

"我认为有人把刀放在了他手上。"

"为什么呢?"

"这里的一些人宁愿用锁链把精神病患锁起来,这样比较不麻烦,也比较没有危险。"

"我明白了……后来怎么样了?"

"自从出了这些事故以后,主管勒图尔诺先生就宣布完全禁止释放躁狂精神病患。所以我只释放了疯子。"

这时,疯子回到他们面前,抓住普森的手,把嘴里嚼过的吸墨水纸吐到普森的手里,然后抬头看着他,好像对自己所做的感到非常自豪,等着普森的称赞。

"啊哈!啊哈!"他叫道。

"看吧,"菲利普说,"他认得那个释放他的人。"

这是他第一次看到普森高兴地笑起来。

共和国二年葡月二十日

福西尼先生对白蜡树的一种特殊品种(拉丁文：Fraxinus Ornus)很感兴趣，五年前他从南部运上来种在院子里。比起普通的品种，这些白蜡树开的花更多更香，福西尼先生还留了去年春天开的几朵风干。按照传统的说法，这种树树皮渗出的树脂，人们称其为"吗哪"[1]——虽然我不知道为什么这样称呼，在不同的季节采集会有不同的疗效。而福西尼先生想验证这种说法。这种吗哪的外观确实在一年当中不停改变(稍微冷一点的季节结成块，夏天则晶莹剔透)，可我已经证实不管外观怎么改变，它就是一种轻微的泻药。

为了理解普森先生头脑里关于精神病患的科学，我花很多时间和他在一起，他所知道的，确实是大学问呢！或许不该用"科学"这个词，因为他的知识，不是由科学定律组成，却比科学更清晰：在每天与精神病患接触的过程中，他收集了大量的

---

[1] 《圣经·旧约》中描述以色列人出埃及时行走在旷野，上帝从天降下每天供应他们的白色圆状食物，叫作"吗哪"。

观察资料，做出了精辟的评论。这比那些浮夸的博士论文中所谓的大定律更好，因为这些作者总是不能把自己的理论应用到实践中。老实说，关于人类内心世界的运作，现今我们所掌握的知识，还比不上我们所了解的关于最远的行星轨道的知识。

尽管如此，我还是一遍又一遍地读那些名家的书，如洛克[1]和孔狄亚克。正是与他们思想的交锋，再加上每天在这里面对发疯的病人，给了我一些关于治疗精神病患的灵感。

现阶段，孔狄亚克越来越多地影响我的思想。他认为想象影响认知。太多幻想对一个健康人无害，却会影响一个心灵脆弱的人的判断，使他分不清现实与幻想。例如，一个心灵脆弱的人如果不断地幻想西班牙的一座城堡，最后他会以为自己就住在里面。

这理论可以应用在某些病患身上吗？可幻想成瘾不就是精神病初期的征兆吗？孔狄亚克唯一一次应用他这个理论，就是禁止年轻女孩读小说。据他观察，她们是理性很薄弱的存在。或许吧。可这跟她们所受的教育有关，而不是天性使然吧？为了保护她们而不让她们接触残酷的真实世界，可这样做反而让她们更脆弱，更容易因幻想而失去理智。孔狄亚克谈论到的，可能是生活在他那个世界的年轻女孩们，因我总觉得我家乡的牧羊女们，过早直面真实生活的残酷，内心比较坚强，也比较有踏实的判断力，不像那些我在巴黎沙龙里遇到的苍白的奥菲利娅[2]们。

1　Locke，一六三二年至一七〇四年，英国哲学家。
2　莎士比亚戏剧《哈姆雷特》中的虚构人物。

15

"在他这个年纪,就算再发起疯来,也没那么吓人了。"

"没错。我想拿他试一试最好不过了。"

英国老人在囚室深处看着他们。他听不懂他们说的,很安静。他认得这个从来没有虐待过他的监事长,而另外一个人,那天用英语跟他讲话了。

"逐步释放还是彻底释放呢?"普森问。

"要好好想一想。我同意彻底释放,但要从逐步释放开始,先由两个你的人陪着散步一段时间。"

"不如直接说:这两个人是我和福科尼耶。"

"如果您这么想的话……"

他们从囚室出来,关上门,同时看到主管急匆匆地向他们走来。

"先生们,先生们!"他还没有走到他们面前,就开口喊道。

"先生,您好!您要我们……"

"有人告诉我这个消息，我立刻警觉起来了！"

"真的吗？"

"绝对的，"主管加重语气，"你们好像想要解开躁狂精神病患的铁链。"

菲利普很吃惊。他刚才在办公室仅跟普森说了他自己的想法，记得当时门是半掩着的。他看到不远处一群杂役正瞧着他们，而马兰古就在他们中间。情况不言自明了。他接着说：

"主管先生，瞧您说的！您觉得我们希望看到一群解掉锁链的人占领这家医院吗？"

"事实上，我就担心这个。"

"真的吗？您觉得我会做出如此疯狂的决定吗？"

"先生，您可能被误导了。"主管看着皱着眉的普森，回答道。

"被误导？先生，您觉得，如果有人建议我释放被复仇蒙蔽了双眼的精神病患，我会接受这建议吗？"

"听上去很不可思议，可事实上，我听到的正是这样。"

普森突然开口了：

"您的意思是您是顺风耳，可以在办公室听到这里发生的事？"

"再一次……以下犯上！你这家伙，你以为自己是谁……"

"先生们，先生们，我们不要伤了和气。主管先生，我不知道有人向您报告了什么，但只要我还当这个科的主任医生，就不允许一下子释放全部的精神病患。我向您承诺。"

"承诺？"

"是的，先生。"

"那就好，太感谢您了，先生。您承诺不会释放任何一个躁狂病患，我实在太高兴了。"

"但是，"菲利普说，"我希望您来看一下这个重要的情况。来，先生们，跟我来。"

主管好奇地跟着菲利普走进囚室，普森和福科尼耶跟在后面。杂役们由于没有接到跟过去的命令，不敢进去，囚室门开着，他们就在门口围成一圈。

英国老人还是坐在床铺上，看上去因为成了关注的焦点而十分震惊。菲利普靠近他，用医生娴熟的动作抓起他裸露在外的瘦弱的小腿肚。

"先生，请仔细看，您看到了什么？"

主管吃惊极了：

"我看到……我看到他比我们第一次一起来时干净多了。"

"当然，当然。我们停用了山毛榉糖浆。您还看到别的东西吗？"

菲利普感到这位总督察助理用疑惑的眼神盯着他，好像他疯了一样。普森和福科尼耶的眼睛里，以及那些在他们后面的杂役们的脸上，都流露着同样的疑惑。

"我只看到一条小腿。"主管迟疑地说道。

"肌肉萎缩，先生，是肌肉萎缩。"

"什么？肌肉萎缩？"

菲利普站立起来,用医学教授的口气说道:

"肌肉萎缩,你们看,瘦弱、苍白,这条小腿已经很不健康了。"

"确实是。因为这个男人已经老了……"

"衰老不是唯一的原因。我认为,还有另外一个因素起决定性作用。"

"哪个?"

"缺乏运动!腿不走路,就和其他不使用的身体器官一样,肌肉会萎缩。"

"您有什么建议?"主管不信任地问道。

"每天散步一小段时间。"

"解开这个男人的铁链?您答应过我……"

"只是为了加强身体的健康,小小地散步一段时间,而且被紧密监视着。"

主管犹豫了。他能在这些聚集的杂役面前公然反对主任医生吗?不能,他想,这有损管理阶层和谐的形象,所有组织都需要维护这形象。

"先生,您是医生……涉及健康的领域,您全权处理。"

"先生,我很高兴我们达成一致。"

之后,杂役们回到位于厨房边的休息室。他们聚在这里,休息、交谈、抽烟,当有人幸运地拿到酒时,他们也会一起喝掉。

马兰古,自然是他们的头儿,发怒了。

"这新医生是个无赖。可他会看到我比他更无赖。"

"喂,喂,别生气。"另外一个说,他是诺曼底人,性格温和,不喜欢无理取闹。

"酒在哪儿?"布瓦利韦尔插嘴道,对头儿的怒火不闻不问。

"都怪那个普森……"马兰古又要开始他那充满嫉妒调调的长篇大论,其他人听得耳朵都要起茧子了。

"你夸大了。"诺曼底人说。

"我怎么夸大了!我才应该成为监事长的,我,马兰古,在这收容所已经工作了二十年了。二十年!结果那个自大狂来了,还是'我们慷慨的捐赠人'推荐的,抢走了本来属于我的位置。"

其他人都沉默不语,尽管已经听了无数遍,还是被如此怨恨的情绪带来的能量吓到了。

这时,福科尼耶进来了。就是看到他们折磨年轻的阿道夫——"永恒的恋人"而生气的那位。听到马兰古说的最后几句话,回想起他逗弄寄宿者时兴高采烈的样子,他情绪激动了起来,说:

"你就像舍万热,觉得自己应该是将军。"

其他人忍俊不禁。这笑话真不错。可马兰古暴跳如雷:

"天杀的!你……"

他跳起来要打福科尼耶,但后者敏捷地抓住他的手臂别在身后,扼住他的脖子,把他的脸颊按在墙壁上。马兰古哀号着、挣扎着、吐口水,但他越是如此,福科尼耶越是用力把他压在墙上,让他动弹不得。其他人并不介入,当下的局面让他们明白,太快选边站，代价可能非常惨重。再说，福科尼耶年轻，又身强力壮。

福科尼耶忍不住要教训马兰古一下。他把马兰古紧紧压在墙上，在他耳边轻声说道：

"或许你有资格成为监事长，但你没有做成监事长。这就是命运。现在也有人配得活着，可他们被砍头了，这也是命运；对他们来说，死亡就是他们的命运。不管怎样，做一个好监事长，需要比你冷静得多的头脑。"

他放开马兰古。马兰古跌坐在椅子上，大口喘着气，还不忘让其他人站在他这边：

"你有理……你有理，你有种……等到他们把躁狂患者全都放到院子里时，你要怎么说？"

"等着瞧呗。但他们不会按照你说的方式做。我相信他们是有理性的人。"

"你们看他，他已经选边站了！"马兰古啐道。

"我不选边站，我有我自己的判断。你们呐，再见！"

福科尼耶出去了，他身后一片沉默。不知道是因为大口喘气还是生气，马兰古的脸通红通红的。没有人敢说话，都害怕再一次激怒他。

可布瓦利韦尔再度出现，非常高兴，手里拿着一瓶酒：

"啊，好了，我终于找到酒了！"

马兰古气疯了，一把把酒瓶丢了出去。

"争吵，绝不会带来任何好处。"诺曼底人看着酒在瓷砖地板上流着，悲伤地想。

16

清晨,天空透亮、发白,看样子今天会是个寒冷的大晴天。皮内尔和普森急匆匆地走在空无一人的大院里。他们交谈着,说出来的言语,很快就消逝在嘴巴吐出的白色雾气里。

"不管怎么说……"菲利普好像为了给自己打气,比起其他人,他算是镇定的了。

"年龄。"

"对。再说,如果他看到神甫疯病发作,这也不是今天才会有的风险。"

他们朝着那排囚室走去。福科尼耶和另外三个他选的忠心可靠的杂役,已经在长廊下等他们了。

走进囚室,菲利普看到英国老人的眼珠就跟室外的天空一样发白,当然,光从眼珠的颜色不能断定他是否已恢复理智。老人看着他靠近,抬头观察这些围绕着他的人,身上那副可笑的金属装束叮当作响。

"今天……"菲利普开口说道。

"什么?"

"今天是你重获自由的日子。"

"什么?"

他耳聋了吗?菲利普自问,还是我的发音到了这么糟糕的地步?

"自由……"他用力地重复。

"自由?"

菲利普向普森和福科尼耶做了个手势,他们俩走向前,把铁链的挂锁打开,给他脱掉金属胸衣。

"自由?自由?"

他们扶他站了起来,一直扶着到了门口。

外面太阳已经升起来了,屋顶的瓦砾折射着阳光。英国老人,没有铁链,一身轻松,站着一动不动,仰望着天空。其他人站在离他几步远的地方。老人踉跄地试着走了几步,仰天哭出声来。他呢喃着:

"多美呀……多美啊!"

所有人都一言不发,注视着他。他跪在地上,注视着天空。

共和国二年雾月二日

在每个人或多或少都会经历的苦难或幸福里,我们追寻着我们自己的命运。可说到底,都不是我们自己的选择,我们的选择都戴着枷锁,别人强加给我们的,或我们自己制造的。我们总是活在我们作为人的局限里。

看到英国老人仰望天空惊叹的样子,我明白了我或其他人为什么会有这么强烈的欲望去释放精神病患。我愿意给他更多的自由,因为我所给予的,是我很想得到的。给予别人我们自己想要的,我不知道要怎么命名这种心理机制,但好像所有服务、帮助他人的动机都来源于此。

我找到一本旧登记册,在里面发现了英国老人的名字——威尔伯。他应该已经很久没有听到别人叫他的名字了。我们可以想象这样的凄凉吗?再也听不到别人友善地叫你的名字,那几个音节,是母亲把你抱在怀中时曾温柔地念出来的。对襁褓中的婴孩而言,这是多么美妙的新发现:语言和温柔。

共和国二年雾月十一日

威尔伯每天散步两次，一直很安静。他不说话，这不稀奇，尤其他已经多年不使用语言，而现在他听到的语言又是他完全理解不了的。我的英语能力很有限，也没有办法在这方面下更多功夫，有太多其他事要处理了。

我脑中一直盘旋着一个疑惑。他确实很安静，攻击神甫的热情似乎也熄灭了，至少暂时沉睡了。可到底是什么导致他这么平静呢？是不是铁链使他回忆起过往的愤怒经历，而产生复仇情绪；筋疲力尽的他从铁链里被释放出来而不再有攻击性？还是仅仅因为过去了很长时间？时间是医治很多精神病的良药，随其流逝，很多精神病自然就好了。或者这只是暴风雨前短暂的平静？说不定等这平静过去后，下次发起疯来不知道会疯多久呢。

这些假设，虽然各不相同，又很相似。当我想搞清楚到底是出于什么原因时，深深感到，尽管我们有摆满书架浩瀚博学的论文，但我们对于精神疾病的认知真的少之又少。

为了让这个男人更多融入他的同伴当中去，也为了观察他的行为，我和普森先生决定让他在食堂跟那些非躁狂精神病患一起吃饭。这件大事，将在福科尼耶严密的监视下进行。福科尼耶虽然还很年轻，但在我看来，已经对普森先生忠心耿耿了。

17

晚饭时间，食堂里坐满等候用餐的人。宽大的厅堂，旁边有许多小窗户，上面结着雾气。大家坐在长桌前，一眼看去就像任何正常的集体食堂一样：士兵的食堂、修士的食堂或记者的食堂，但很快你就会注意到惊呆的脸孔、忧郁或狂热的眼神、奇怪摇动着的脖子或肩膀、穿反了的衣裳，总之这些拖拖拉拉的样子，是各种精神病患共通的特征。而此刻，这些不幸的人不再被精神折磨囚禁着，仅因充斥他们内心的，全是填满空腹的急迫。几个杂役在他们中间来来回回，确认所有人是否都坐在该坐的位置。福科尼耶把英国老人领到一张桌子前，让他坐下。他本想坐在离老人近的地方，可他不得不去餐厅的另一头，那里有人吵起来了：一个病患大声嚷叫着说有人偷了他的围巾。哎，这是大冷天就容易出现的妄想症状。这时候，两个平常行为良好的病患推着辆装着大汤锅的小车，穿行在餐桌之间。其中一个，有着厨子才有的大红脸，用大汤勺庄重地把热气腾腾的汤舀到用餐者的汤盘里，动作中溢满了执行这个任务的自豪感。突然，英国老人站起来，靠近小推车拿了另外一把汤勺，开始安静地给他这边的人盛汤，完全没有意识到大家都在用惊讶的眼神看着他。这位"假厨子"生气地大叫起来，无法忍受有人公然"篡位"，跟他做一样的好差使。他拎起汤勺就打英国老人，后者迅速躲开，拿起他的汤勺回击。两人就开始了凶残的汤勺之战，还打翻了汤锅。冒着热气的汤倒在旁边坐着的人身上，他们被烫得大叫着站起来。接着凳子也翻倒在地上。食堂里一片喧哗。福科尼耶和其他杂役慌忙赶过来，好不容易才把打架的人分开。

菲利普观察着被福科尼耶和普森带过来的英国老人。老人站立着，神气十足，尽管他的脸颊肿肿的，袖子上也沾满汤汁。他直直地向前看，好像在看隐形的地平线。

"你们说，是另外一个人先动手的？"

"我们不太确定。我们发觉的时候，他们已经在打架了。可其他寄宿者们说是另外一个人先打他的，原因是他给大家盛汤。"

"另外一个人怎么说？"

"他太生气了，话都说不清楚。"

"马兰古在场吗？"

"哎……是的。"

情况不太妙。马兰古肯定会跟主管汇报发生的事，主管就会下命令把老人关回去。第一次尝试释放躁狂病人就失败，可能之后要等很久才能再尝试。然而，老人的妄想症并没有复发，难道是别的原因导致他用勺子打人？出于什么动机呢？这个叫威尔伯的人，一句话也不回答。要么是听不懂他说的，要么他为了晦涩的理由坚决不开口。看来，这次的释放还是不够循序渐进……

菲利普专心想着，不觉向书架走去。或许他可以在好医生珀费克特描述的病例中找到启发他的例子？经过桌子时，他的袖子扫过一本书，书掉到了地上。他正转身想要捡起来，威尔伯已经一个箭步冲过去，迅速把书拿起来放到了桌子上，正正好放在它原先所在的位置。然后他很快毕恭毕敬地站好。对菲利普来说，情况再清楚不过了。

"你们看！你们说，他是一个英国贵族的仆人？"

"是的，正是如此。"

"你们看！时间真的减轻了他的妄想症，可并没有减弱他的职业本能。普森先生，我们要用工作的方式释放这位老人！是的，用工作的方式！"

一个小时后，有人急切地敲门。菲利普拿着蜡烛去开门。不出所料，是主管。他的脸因不满而绷得紧紧的。

"主管先生，多高兴见到您啊。把您的外套挂这里。"

友善的口气并没有使主管露出笑脸。

"先生，我想和您谈谈。"

"当然可以，请进来坐，谈起话来比较舒服。"

勒图尔诺在办公室里看到普森坐在壁炉边，就更加生气了。一个监事长大模大样地坐在主任医生办公室的客厅里,太没大没小,藐视制度和阶级!

"普森先生来给我报告精神病患科的情况。"

普森站起来迎接主管,可后者就像没看见他似的。

"先生们都请坐下吧。你们想来杯椴花茶吗?"

"先生,我可不是为了什么好事来的。"

"先生,我已经有点猜到了。但一点椴花茶不会有任何坏处的。我让人来给您倒一杯。"

菲利普拍拍手,一个仆人走进来,手里拿着托盘,上面放着茶杯和冒热气的茶壶。

"主管先生,我很高兴今天晚上能和您聊一聊。我和普森先生想向您呈报一项计划。"

"我知道,拿掉躁狂病患的铁链。我知道你们早上刚释放了一位,可本来说好只是以健康为理由的散步。"

"这散步的结果非常令人满意,他很平静,所以我们才加长他不戴铁链的时间,让他去食堂用餐。"

"紧密监视!刚才有人跟我说,他用汤勺攻击了另外一个病患!"

"'攻击'?用词过激了。只是关于优先权的小争吵罢了。"

"你们都忘了,那个男人被关着直到如今,是有理由的。"

"可现在,您可以看到他是多么平静。"

主管以为自己听错了。

"您说什么?……我现在看得见他?"

突然，他发觉给他倒茶的人——穿着普通人的服装，头发梳得整整齐齐，表情恭敬，几乎认不出来是原来那个人了，可确实就是那位英国老人，忠心地执行着仆人的任务。主管气得跳起来。

"这太过火了！"

"先生小心，您会打翻您的茶的。先生，求求您，请坐下。"

可主管什么也不想听。

"先生，这不公平。我看得出来，您完全不听我的建议，您宁愿听监事长的。随便您！随您所愿地照顾您的精神病患们，可只要有一点小差错，您听好了，如果有人受伤，我将在共和国最高权力机构面前起诉您！"

"先生，我听明白您的意思了。我们将会非常非常小心，最后您一定会信服的。"

威尔伯拿着勒图尔诺的大衣过来，想要帮他穿上，可后者一把把他推开，一下冲了出去，还重重地摔了门！

"他确实说了'共和国最高权力机构'？"

"情绪冲动罢了，普森先生，他并不会比我们更想看到所谓的最高机构驻扎在这里。"

"可我觉得还是得小心，我们又多了一个要留意的对象。杂役们那边还没有平静下来呢。"

"为什么？"

"他们担心我们会再释放其他人。"

菲利普坐了下来，看着威尔伯给他倒了点茶。释放精神病患，任重道远。

18

玛格丽特-朱布莉娜借着早晨的光线缝着衣服。乍看之下,她在缝一件大衬衫,还没有整合好的布片摊在桌子上。可袖子的长度真惊人呐!更惊人的是,袖口是封死的!而且,这件衬衫不是用扣子扣上,而是用有点像马鞍辔的皮鞭系好。

她丈夫敲了敲门。

"做好了吗?"他问。

"还没有。我昨天就开始做了,但还需要些时间。"

"多久?"

"到这个礼拜天吧。如果你做汤的话。"

"那我做汤。"

共和国二年雾月十五日

出于策略上的需求,我去找了趟福西尼先生,把最近几天发生的事跟他报告了一下。看来主管也已经向他报告了他认定的版本。在我看来,老先生还是照常云里雾里,眼神空洞,几乎都没有在听我讲,除非讲到他感兴趣的部分,例如茶包、糖浆、煎剂,才有些反应。然而,当他反应过来刚刚陪我到门口、外表干净利落的仆人是谁(威尔伯非常自然而专心地服侍着我),他一开始是感动、震惊,接着突然担忧起来。

"他一直服用山毛榉糖浆吗?"他问道。

我不敢告诉他,因为这种糖浆造成消化系统紊乱,在病患中已经全面停止服用了。

"当然。"我回答。

"看吧,这就是个证据,证明它很有效果!"他欢呼着,眼睛里放着光。

我明白了他那短暂的担忧:担心他最得意的治疗方法没有起到作用。每个人都活在自己的疯狂里。

菲利普点亮蜡烛，打开登记册。上面有不同的笔迹，有的写得紧密而准确，有的写得杂乱无章、错误百出。在册子里，他读到阿道夫——"永恒的恋人"的经历。

情况通报

阿道夫·科德迈

一七九一年十月二十七日入院。从主宫医院转院。接受过例常治疗：放血和冷水浴。(参考附上的信件。) 入院头几日平静。后，袭击一位携夫人来探望病人的访客。以为这位夫人是他失去的恋人。关押。

写给比塞特医院圣普里区 (Quartier Saint-Prix) **监事长，公民普森。**

公民，

我写这封信，是为了告诉你二十三岁的阿道夫·科德迈的病史。

因他行为过激，任其自由已严重影响到他人，而被市政厅警卫押送而来。他扑向任何一个年轻女孩，与陪伴女孩的男士们争执。其中一个还打了他，几乎把他打死。尽管如此，他却没因此停止那些过激行为。

他曾经是个安静的年轻人。木匠学徒，和寡居、做裁缝的母亲一起住。他爱上了邻居女孩，玛丽-阿代勒。他不确定她是否也爱他，但至少她不拒绝他。他对她似乎非常着迷。可去年冬天，这位姑娘不幸得了非常糟糕的热病去世了。我们的年轻人就陷入惊愕中好几个星期。他把自己关在家里，不再说话，不吃东西，母亲怎么劝都没有用。然后当他慢慢开始再度走出家门时，就在街上滋事扰乱。他母亲说，他在每位遇到的年轻漂亮女性身上寻找他的恋人。此外，除了呼唤他曾经爱过的姑娘的名字，他好像失去说话的能力了。但一位市政厅警卫，也是他的邻居，告诉我，他原本就是个内向、不善交际的人，也不爱说话。

情况通报

一七九二年一月四日

——母亲去世。不再有任何探访者。关押。

——九月八日。由于监管失误（布瓦利韦尔警告处分，关禁闭一天），释放片刻，仍然一放出来就跑去抱一个女访客。关押。

阿道夫之前应该是个很英俊的年轻人，五官端正，轮廓清秀。但现在空洞的眼神和迟钝的表情，抹去了他所有的魅力。身上的铁链被解开时，他仍然一言不发。普森和福科尼耶，他们俩一边一个，紧紧抓住他的手臂，架着他一起走出囚室。屋外，早晨的阳光明媚，融化了积雪，地上泥泞不堪。菲利普就在外面等他们，因为他希望寄宿者们看到的是平常照顾他们的人释放了他们,而不是一天见不了几次面的医生。

这是个大日子,但阿道夫没有表现出一点点的惊讶。因为阳光刺眼,他眨了眨眼睛,然后定睛看着菲利普。他会在他的释放者面前跪下吗?释放的喜悦会让他开口说一些感激的话吗?福科尼耶和普森稍稍松开手,给年轻人手脚自由的空间去表达自己想要表达的。

"她在这里吗?她在这里吗?"他充满喜悦地喊叫。

"谁?"

"玛丽-阿代勒!玛丽-阿代勒!"

他像兔子一样跑走了,那活力对一个关了这么久的人来说实在太令人惊讶了。普森,皮内尔和福科尼耶赶快冲上去追他。天哪!远处有一个女人的身影,正穿过院子,而阿道夫就是朝她奔去的。

"可这里不应该有女性啊!"菲利普愤愤然。

"一个女访客。通常她都是星期天来的……"

所有人都惊呆了!年轻人在他们三个逮到他之前,抓住了年轻女人。他抓住她的脖子,扑倒她,试图亲吻她,还大叫"玛丽-阿代勒"。女访客震惊得一动也动不了。

普森和福科尼耶压倒他,把他从她身上扯开。尽管他又扭又叫,他们还是快速地把他押回囚室。年轻女人整理她的着装,心有余悸。菲利普过去向她道歉,马上注意到这位女士非常迷人。突然,他认出她来。天哪,是她,奥特伊沙龙上那个漂亮的陌生女人!记忆中,她要更加苍白,也更高一些,可他认得她有着金色瞳孔的眼睛，羞涩又机灵。从眼神看，她似乎觉得刚才发生的事很有趣，只是外表上尽量保持稳重。再见到她，他欣喜若狂，只是不表现出来罢了。

"夫人，对于刚才发生的事，我真的非常抱歉。那个年轻人是精神病患。他如此冒犯您，我非常生气。"

"先生，他没有冒犯我，因为他并不知道自己在做什么。"

"夫人，为了补偿您让您高兴，我将做所有我在这个医院权利范围内能做的。"

她嘴角闪过一丝稍纵即逝的微笑，仿佛一个计谋得逞的初中生。

"所有您能做的，真的吗？"

"夫人，我说到做到。"

永远爱您的那一位，他心里加上一句。

"既然如此，那我就不客气了，我希望您能释放我叔叔。"

"您的叔叔？"

突然他回想起来，普森曾说到"世界之王"有个侄女常来看他。难道是他……

普森回到菲利普身边，傻子也站在不远处——尊重他们隐私的合理距离，观察着仍然震惊的女访客。

"我看到您刚刚带出来的年轻男人精神不正常，"年轻女士继续讲道，"我叔叔精神也不正常，但不会比那个年轻人更不正常。为什么他不能被放出来呢？"

"我们会考虑的。"

"别忘了您的承诺。您说过,'所有您能做的'。先生们,再见!"

她走远了,但菲利普忍不住仔细地观察她,觉得她整个人没有一丝缺点。

"多出色的女人啊!"他赞叹道,满心想分享一点自己内心激动的情绪。

普森没有回答。

"噢!噢!"傻子突然叫道,好像要表达他的崇拜。

"她丈夫太幸运了。"菲利普继续说。

"她没有丈夫了,她是寡妇。"普森嘀咕道。

寡妇。简单的一个词,却让他欣喜若狂,心里燃起无限希望。同时,他机械地回答道:

"寡妇?这么年轻?多可怜啊。"

菲利普看着年轻女人慢慢走远。普森瞟了他一眼,嘟囔着:

"真的好可怜啊。"

共和国二年雾月二十日

她丈夫曾是吉伦特派[1]的一个议员。后来被判刑关在监狱里，就在同伴们被拉去砍头的几天前，他不幸得了热病去世了。这个人悲惨的结局，会是我幸福人生的开始吗？

玛蒂尔德，玛蒂尔德，多优美的名字啊。

可她是寡妇，我羞于向她表白呢！宁愿她是个有夫之妇。怎么才能在她寡居的凄惨场景中，表达我对她的爱呢？我已过了不惑之年，不在浪漫表白的年纪。我应该已经结婚生子才对，而不是像现在这样，头发花白，脸上爬着皱纹，却还要做与年纪不符的事。但女人看事情的角度，和男人或许不一样。

我喜欢她小巧的耳朵。她微笑的时候，会把眼睛稍稍转向旁边，并透一小口气，就好像准备开口大笑一样，事实上她只是继续讲话而已。这可爱的特征，真让我疯狂地着迷啊！

---

[1] 法国大革命期间的一个政治派别，其核心成员源自吉伦特省。

19

整夜都在下雪。清晨的比塞特，银装素裹。屋顶、走廊覆盖着皑皑白雪；院子泥地上昨天双轮小推车留下的曲线图，也被一夜的雪盖住，若隐若现的样子。正如这里的病患，时好时坏。傻子们聚集在喷泉边，把雪球丢进喷泉，着迷地看着它们化掉。杂役们披着薄薄的毛毡披肩——主管发放给他们的冬天的配给，用小推车拉着柴火。多区病患共用的大厅里，病患们和老人们绝望地看着发白的天空，白雪和严冬对他们很多人来说，是关乎生死的考验。

菲利普在办公室里，从窗户观察着院子里的人来来往往：偷空休息的杂役，不顾严寒四处晃荡的傻子，晒着太阳、身体正在康复的病人，和几个带着书的访客——大概是病人的父母或朋友，因为冬天没什么娱乐，带书来给他们解闷。这些来来往往的人并没有让菲利普分心，他正专心地等候着一个人。

突然，她跳入他的视线，穿着灰色的外套，显得很修长，正朝着躁狂病患区走去。菲利普的心怦怦直跳。他赶紧拿了大衣，边穿边走出去，三步并作两步走下楼梯。他急匆匆地走向囚室区，她刚才正是走进这里的，靠近建筑物的时候，和主管撞了个正着。主管心情似乎非常好。

"亲爱的医生，您好。上一次我可能有点失态了……"

"不会，反而是我，事先应该跟您通个气。"

"发生了那样的事，我确实很惊讶。可事后想了想，您居高位，确实不会毫无理由、鲁莽地行事。"

"我能得到您这样的人的理解和支持，实在太荣幸了。"

虽然现在气氛很友善，但这对话什么时候才能结束？我已经看不到她了，或许她已经打开她叔叔囚室的门了？

"主任医生，您这么说真是太谦虚了。我们应该坐下来，花时间好好谈论一下这件事。"

"这确实需要花时间谈，主管先生，我也很希望跟您坐下来好好聊聊。"

"那就现在吧，请跟我一起去办公室……"

"对不起，现在我有件急事要做。我要去和一个病患的家人见面。"

"他们不能等等吗？"

"等不了，他们从很远的地方来。等我和他们的会面一结束，我就去您的接待室找您。再见，先生，我必须得走了。"

看到他如此匆忙，主管很震惊，甚至想主任医生是不是也有点发疯啦。

他到了囚室区。正如所预料的,"世界之王"的囚室门打开着。他朝里面看了眼,瞧见这位年轻女士正面向她叔叔坐在小矮凳上。后者当然还是被铁链锁着的。

"叔叔,您记得我们在沙图城 (Chatou) 的别墅吗?"

"沙图城的别墅……当然啦,那是属于我的城镇。"

"您的城镇?"

"对啊,我是沙图、凡尔赛、巴黎的主宰,这些都是我管辖的城。"

突然,他看到菲利普走到门边。

"啊,哈,仆人,靠近点儿。"

年轻女士站起来。某一个短暂的瞬间,他以为自己看到她又惊又喜的表情,是因为他来了吗?

"您好,先生。"

她很快就恢复冷静镇定。

"夫人……"

这位叔叔喊叫着打断了他的话:

"仆人!仆人!"

喊声变成尖叫,所以菲利普做了个手势,意思是让她到外面来讲话。当他们站到长廊下时,菲利普注意到她的瞳孔在阳光下变成了金色。

"您的叔叔还好吗?"

"他正一点点恢复理性呢。"

他们身后传来老人的声音,音量一点都没有减弱:

"弯腰！跪下！"

"叔叔，请您安静一下，是您的医生来看您了。"

"我不需要医生。我的身体再好不过了！"

菲利普又站回到门边，看着"世界之王"。他的经验告诉他，绝对不可以不看着精神病患讲话，说话时一定要用眼神震慑他们。

"在您的国度里一切都好吗？"

"世界之王"的圆脸容光焕发：

"哦，我感受到了，真的感受到了，一切都繁荣昌盛。我的国度在扩张、成长、壮大！我感受得到，非常清晰，我的国度，我宏伟的国度！"

年轻女士听到这些话，脸变得苍白。

他们走到院子里，离囚室够远了，不会再听到老人的叫嚷声。她马上就为叔叔辩解了：

"先生，我向您保证，他真的好多了。我不知道为什么他又发起疯来，可就在刚才，我一个人跟他讲话时，他还好好的。"

"我看得出来，您真的很爱您的叔叔。"

"是的……他是个非常……"

她突然顿了顿，泪水在眼眶里打转。

"……他曾是个多么善良的人……"

上帝啊，多么想拥她入怀啊！怎么才能抵抗这强烈的欲望呢？他没有忘记他是主任医生，并且他站在这家医院大院的正中央，人来人往的地方。

"请不要哭。"他只是简单讲了这样一句话。

"……他之前总是非常关心我。"

"请不要哭,我们会想办法释放他的。"

"先生,别这样。您这样说只是为了安慰我吧。"

"当然不是。"

"我很清楚他有妄想症,而且完全疯了。你们不可能释放他的。"

从囚室里又传出一阵尖叫:

"我的侄女!我的侄女!"

她看着菲利普。他再次觉得好奇,这双眼睛到底看到怎样的自己:能释放她叔叔的主任医生?或是为她着迷的男人?谜一样的双眼,虽然让菲利普猜测不透,却无法挡住它们的美丽。

"不好意思,"她说,"我得过去看看他。"

看着她离去的背影,他心里已经充满了不舍,就像所有陷入爱河中的人一样,总觉得相处的时间怎么那么短,而他还没有机会更清楚地表达自己对她的爱呢。

20

"'世界之王'？他并不在我要释放的第一批人的名单里。"

就像往常一样，普森毫不掩饰地表达拒绝。他们在洗衣间里谈话。洗衣间空空荡荡的，四面白墙好像在修道院，一讲话就有回音，多多少少给人一些肃穆感。

"可我们的工作必须要有新的进展。"

"但如果他再打人呢？他拿起刀那次，给我们留下非常不好的印象。"

该怎么辩驳？菲利普亮出最后一招。

"我们可以让他手上和脚上都戴着铁链出去。"

普森思考着。

"嗯。我想我有更好的主意。"

"比铁链更好？"

"我让我太太缝了样东西。请跟我来。"

菲利普跟着他到了办公室。普森从口袋里拿出钥匙，打开了柜子。柜子里的衣架上挂了件非常奇怪的衣服：大帆布，上面有束带、皮扣、挂钩。

"您的太太是个发明家。"

"她给这衣服起名叫'强力衫'。"

"很适合'世界之王'在院子里散步时穿。"

普森笑了。

菲利普想："世界之王"之所以被释放，是因为我爱上了他的侄女，而我的监事长想展示他太太的才华。

21

尽管穿着外衣很拘束,"世界之王"还是笑得很得意。仔细观察这件外衣,我们都惊讶于它巧妙的做法:袖口被缝死,双手无法伸出来;袖子把双臂绑在身体两边,再用带子紧紧缠绕在腰间;双脚被一根绳子连接,绳子够长,不会影响走路,却又不会太长,避免他跑起来逃走。

"我的天空!我的树木!我的花花草草!"他激动地喊着。

普森和福科尼耶在他旁边走着,听到他的叫唤,忍不住彼此交换了下眼神。他们遇到马兰古带着一队人走过。

"我的臣民……"

为了嘲笑他,马兰古在过道上向他恭敬地鞠了个躬,戏份十足。还好"世界之王"这时的注意力没在他身上,因为他看到了小教堂。

"我的教堂!主啊,上帝啊!"

他跪下来,由于双臂被绑着而失去平衡,脸朝地直接摔倒

了。他的两个看护赶快把他扶起来,他边起来边喊着:

"上帝啊,我的王!"

两个看护觉得,他喊这些无意义的口号,时间地点都不合适。为了让他安静下来,只得叫他"陛下",可这招也不管用。他们俩就只好威胁他,如果他继续,他们就要收紧腰带,让他完全无法活动。他虽然很不高兴,但立刻闭上了嘴巴。

这时,那个傻子跑到他们身边,依旧衣衫褴褛、神情惶恐不安。他小声叫着,在他们旁边跳来跳去,看着正发生的场景,非常兴奋。

"陛下,您的小丑。"普森说。

"世界之王"转怒为乐。是"陛下"这个称呼让他高兴吗?还是觉得找到一个忠心的下属而满意?

伴随着傻子的咯咯笑声,他们带他回到囚室。

"明天,散步时间可以久一点,还有,可以松开袖子。"普森说。

第二天,"世界之王"依然穿着"强力衫",在院子里散步。但今天是他的侄女陪着他。比起昨天,他平静很多,话也没那么多了。他侄女温柔地跟他交谈,娓娓述说着以前家里的温馨时刻。她看到主任医生正朝他们走来。他跟她打招呼,眼神里的热情,任谁都看得出来。

"先生,"她说,"我想好好谢谢您。"

"不用谢我,我只是履行我做医生的职责罢了。"

"你们什么时候会帮他脱去这外衣呢？"

显然，要满足女人真困难啊。

"我们会一步步慢慢来。"

"你们担心什么呢？"

"担心他再打人。"

她停了一下，不安地看着他问：

"如果他打人了，你们会怎么处理？"

"把外衣再绑紧些。"

"哦……这真是个很需要耐心的方法呢。"

"我还不是完全满意这个方式。因为这不会治好您叔叔的疯病，但至少可以调正他的行为模式，也给他多一点的自由……啊，小心。"

他们的交谈，目前还只局限于一个医生和一个病患的侄女之间的例行谈话，还没来得及谈一些更深入的内容，就看到她叔叔走开了，和傻子两个人一起走向主管勒图尔诺先生，主管先生刚刚跨进院子。

主管先生看到躁狂病患和傻子同时出现，这奇怪的组合让他吃惊地停下了脚步。"世界之王"靠近他，呵斥道：

"你是谁？"

"可是……"

"快来请安，我是你的国王！"

"你们干什么……"

"世界之王"气得直跺脚：

"你的国王!国王陛下!"

他的喊声震耳欲聋。勒图尔诺愣在他面前还没有反应过来,这时傻子突然抓起了勒图尔诺的手就舔。勒图尔诺吓得一边尖叫一边赶快把手抽回来,傻子惊慌地傻笑着。幸好侄女及时赶来把叔叔拉走,菲利普则来跟主管打招呼:

"但愿您没有被吓到。"

"这可说不好,先生,您这又是演的哪出戏啊?"

"只是一个新想法罢了。"

"昨天我说,很抱歉那天失态了……但现在看起来,我再失态都不为过。"

"您担心的是唐突的释放。穿这种外衣,我们终于可以实现循序渐进的释放模式。"

主管转过头,看着由侄女陪伴着回囚室的老人,背上缠绕着"强力衫",平静得和普通散步者一模一样。

"我得承认,这很有说服力……"

"能得到您的承认是我极大的荣幸。"

可主管觉得就这样和解太便宜对方了:

"先生,我不知道您是怎么想的。这地方已经有太多疯人疯事,您又带来新的疯主意。"

"先生,我的目的很简单,就是用更温和、更坚定的方式治疗精神病患。"

"更坚定、更温和?说得容易……"

主管突然笑了,似乎是想到什么:

"坚定和温和,就像自由和平等一样,是互相矛盾的!您没看到我是怎么应用这个格言的吧……那结局实在是出乎意料啊……"

他突然停了下来,应该是想到菲利普在国民公会有关系,就像他自己一样。当然了。可现在有没有关系又怎样?谁也不能确定今天得势的议员,明天是不是会被判死刑。主管用一种宽宏大量的态度接着说:

"行啦!您就按照坚定而温和的方式去做吧,先生。把这句格言当作我们比塞特小小共和国的口号吧。"

以此作为谈话的结局,菲利普应该高兴才对,可是他看到普森来找他,显然是某个躁狂病人又发病了,哎,去看完病人,他就没有机会再去和他心爱的女人说话了。

22

共和国二年霜月四日

又一个病患被释放,重新尝到自由的滋味。主管不再表现出对我的治疗方案的反对,我可以按照我的想法来治疗病患了。

多么值得庆祝的事!可到了晚上,我心里就出现了深深的不满足感:就算他获得更多自由,可他却没有因此变得正常一些("我是你的国王!")。勒图尔诺不再阻碍我用新的方式治疗,可他并不是觉得这个方法会成功,而且一点也不渴望去了解其中的原则。至于她,我们谈话的内容再日常不过,根本不可能提及感情的事。

由此我想到:从两个完全不同的角度看待一天所发生的事,这是心智正常的人都会做的事。可对精神病患来说,尤其是那些忧郁症患者,只有悲观的角度是真实的,真实到一个地步，对他们来说根本不存在积极面。

是他们消极的想法让他们情绪低落？还是忧郁的情绪导致他们想法悲观呢？

搞清楚这个问题非常重要。

如果第一个假设是正确的，我可以跟他们讲道理，让他们看到自己的观点有失偏颇，从而改变想法，这样一点点地，运用理性，他们的情绪也会慢慢恢复正常。如果是第二个假设，也就是说，他们情绪忧郁导致想法悲观，那我就该努力让他们有好心情，例如让他们观看好笑的戏剧，给他们无微不至的照顾，刺激他们的感官享受，或唤醒他们沉睡的上进心。

然而，照我的经验，这两种极端的假设在忧郁症患者身上都是不成立的！

所幸，通常随着时间的流逝，有些病常常会不治而愈。在这一过程中，只需要留心不要让患者绝食或做出其他不可弥补的行为。我称这种治疗方式为观察疗法。仅仅是个称呼，却很大程度上让患者家属安心，因为听到这个词，他们以为医生的意思是病情不算严重，不需要任何治疗。

另外我也注意到，当忧郁症不是特别严重，患者可以维持例常交谈时，可以利用这些谈话机会，温柔地纠正他们错误的想法，当然完全不可以鲁莽行事，也不可以责备他们，只是提醒他们客观事实，而他们最阴郁的想法是没有事实根据的。这样可以让他们更快复原，有时复原得相当好，让我这个做医生的都感到吃惊。

怎样才能放下医生的身份，而单单只做一个献殷勤的男士呢？

比塞特疗养院主任医生菲利普·皮内尔先生收

先生，

感谢您关心我哥哥的病情，既然您想更多了解他的情况，我非常愿意对您讲述。只是我现在没有办法去巴黎，所以我写信给您。

我哥哥向来就是个严谨、细心的人。在他的工作上，除非百分之百达到预期的目标，不然他绝不罢手。正是因为这样的性格，让他在工作领域取得非凡的成就。在他精神出问题之前，他是巴黎最有名的钟表匠之一。

在大革命初期，他的精神开始错乱。他是这么完美主义，可现实却充满问题和混乱，所以当他谈起现实时总是非常悲观。由于时局动荡，人们对钟表的需求降低，店里的生意也开始变差。当时他非常绝望，觉得自己快要破产了。

接着，他又胡思乱想，觉得自己在国民公会看来是有罪的，常跟我说他害怕被捕。可事实上，他深居简出，远离政治，而且内心深处很爱国，几乎没在公共场合说过什么会被怀疑的话。

他持续地担心自己会破产和被判死刑。虽然家人很细心地照顾他，可渐渐地，他变得失眠、拒绝进食。然后他又有了新想法，满脑子想着发明永动机。起初我们觉得这总比一直想着破产和死刑好一些，可他日夜都在做这项发明，完全不休息，后来甚至动用钟表店资产，发明各种各样的机器，不接受任何劝解和批评。接下来的事您也知道了，他扰乱公共秩序，到处写信，动手打人。那样子实在是又可怕又可笑。

他去了比塞特之后，我们很少去看他，因为我们的探望让他不高兴，或者说，让他很生气、很激动。

我有个不情之请，请容许我祈求您改善他的住院条件。上次我看到他的时候，他被铁链锁着。我理解，他有时会使用暴力，确实需要一些措施，可我知道他被锁着很受罪。而关于淋浴，确实在治疗第二天，他会比较安静，可这安静根本持续不了。我很担心他因此会得致命的热病。

先生，请原谅我如此鲁莽的请求，因为那是您的专业领域，而我完全是个外行。但是我想，既然您想多了解他的情况，您应该已经做好准备听些建议，即便我上述的建议可能并不明智。过些日子我会去巴黎，请允许我到时再跟您见面。

XX 先生

共和国二年霜月十日

23

共和国二年雪月六日

我要在"钟表匠发明家"的身上实践几个关于思想观念与热忱的理论，因为在我看来，他本身的条件完全适合应用这些理论：

——一个具体事件引发他的精神病。我发现，由某一个突发事件引起的精神病，通常比毫无明显外在原因而发作的精神病，容易进行治疗。

——他的病症几个月以来都很稳定，不会每天都变样，这方便我观察治疗方法的效果。如果病人的发病情况经常变化，那么就很难评估疗效。

——尽管他越来越沉默，沉默中还充满了敌意，他仍愿意和我，他的同类，而非机械交谈。由于我大部分时间采用对谈方式来治疗，所以只有能进行交谈的病患才可以对其评估治疗效果。不幸的是，有些精神病患已经完全不可能进行任何对话。

——他的家人都期待看到他恢复健康，回到他们身边。我经常发现，如果没有一个充满爱的家庭在背后支持，最好的治疗都无力让精神病患安然离开疗养院。

这个男人抱持着一个错误的念头，就是他发明了永动机。(年轻时，我曾和我的朋友让‑安托万讨论过，他跟我确认：根据现在我们所知道的物理定律，要发明这种机器是根本不可能的，所以那些发明家们就算制定再多计划也不可能成功。)

他的精神病，正如孔狄亚克说的，是受挫的热忱导致的：他曾多么渴望作为"科学之子"出名，赢得万人景仰……

我不能浇熄他内心希望被同类认同的渴望。(正如饥饿和口渴，被认同是人类天性里最基本最自然的需求。在这一点上，我和我们伟大的卢梭先生看法不一样。)压抑他的这份热忱，就相当于夺走他的盼望，使他对别人漠不关心，而漠视一切正是严重忧郁症患者身上常见的。只是我也不能扫除实现这热忱的障碍，我不可能去说服法兰西学院接受他错误的理论。

所以我只有一条路可以走，就是温柔而谨慎地引导他发现自己想法的荒谬。自认为是永动机的发明者，正是这想法导致了他一系列的精神错乱。

整洁的囚室内，男人的锁链已经被松开了，他专心地在墙壁上涂写着数学公式、图表。当问他这些是什么时，"我的计算。"他这样回答。此外不再多说一个字，因为他不想分心。消瘦阴郁的面孔，深陷的双眼，使他散发着神秘的气息，仿佛在秘密策划着某项非常重要的事务。后来整个墙壁都被写满了，他们就给了他一些纸、一支羽毛笔和墨水，好让他继续工作。

"您认为这样可以让他安静下来吗？"他弟弟问道。他弟弟同样非常清瘦忧郁，只是脸上表情柔和些，还带着听天由命的神情。

菲利普请访客离开囚室，好回答他的问题。

"这样做是希望让他明白自己的计划是不可能实现的，然后他可以自主地改变想法，以至于他不再执着，放弃发明永动机。"

"可既然是他的执着，他的热忱，有可能完全放弃吗？"

"您的担忧是有道理的，确实几乎不可能让一个人放弃他所执着的东西，但我们却可以让这份热忱渐渐冷却，或转移到其他可塑性更强的事物上。也许当他发现制造永动机是不可能的，他会转移目标，渴望成为巴黎最好的钟表匠。"

"愿上帝成就您所说的。"

菲利普和普森在无人的洗衣房碰面谈话。两人不约而同地把这里当作了见面地点。在医生办公室里，菲利普明显感受到这位监事长站立时的局促不安，可每次他让普森坐下谈，后者又非常抵触。说到底，普森不喜欢那个显出他是下属的办公室。而一个医生到监事长的办公室去谈事情，也不合礼节。所以，洗衣房，一个中立的场所，成为他们谈话的首选。在这里不会涉及从属的微妙关系，谈起话来自然很多。

"那么如果我们对舍万热做同样的事呢？"菲利普问（不是命令，而是建议）。

"太危险。他力气太大，没有人可以在他没有铁链的情况下，给他穿上'强力衫'。当然，使用暴力还是可以穿得上的。"

"我们可以试试用温柔和劝解的方式。"

普森好像陷入思索，然后不容置疑地下结论说：

"不幸的是，他就像被打习惯了的狗，看见人不分好歹就咬，连那些希望他好的人都咬。"

"普森先生，您的比喻非常恰当……"

监事长突然不安起来，停顿了一下。他不喜欢被恭维。

"……确实，这个人满脑子都是对人、对世界的错误的想法。十年来被铁链锁着，被鞭打，不见天日，没这些想法倒奇怪了。"

"他来这里之前就满脑子错误观念。为了取代中将，还想杀了他呢！"

"我同意您说的。只是如果从他一来到这里，我们就用恰到好处的态度——坚定却不严厉，努力地和他讲道理，导正他的想法，那些错误观念还会这么强烈地影响他吗？"

"这没有人知道。"

"确实。如果许多年前就开始用这种方式治疗他,当然最好。可如果从现在开始,正好可以看看效果怎么样。"

普森犹豫了,皱着眉头,在洗衣间里走来走去。突然,他开口说道:

"其实两年前,我就释放过他。"

"您这样做过,我一点儿也不惊讶。我们的想法再一次达成一致。"

听到恭维话,普森的脸又不自然地抽动了一下,然后说:

"我把锁链一点点抽走,让他可以多动动。看他还算安静,我就把手臂上的锁链也解下来。最后,身上的锁链全部解掉,只剩下脚上的。"

"非常不错,那他有什么反应?"

"一个早上,他对送汤去的杂役动手了。幸好旁边有人及时赶到,不然那个杂役就被他杀死了。"

"有什么特别原因可以解释这一突然的暴力行为吗?"

"他被锁链锁住的时候,这个杂役曾打过他。"

"这说明了一切。"

"解释不了一切。我们重新把他铐上锁链时,他又开始胡言乱语:'我是中将舍万热。'之后就一发不可收拾,越来越狂躁。"

不管怎样,菲利普想,越是困难的病例,越是可以检验新治疗方案的有效性。

24

共和国二年雪月八日

自从我每天去探望"巨人",他看上去安静了许多。那让每个人都害怕的杀人热忱,似乎也平息了不少。说到热忱,我似乎应该特别来谈一下革命热忱。我在大革命初期那几年天真地以为革命热忱所带来的,就是幸福,事实却不完全是这样。

我们的议会营造了充满暴力的氛围,而我们在其中怎能不颤抖呢?一群从同一个社会阶级出身的人,大部分是律师或企业董事,其中有些一直以来是朋友,而所有人都有统一的想法:有必要建立一个共和国,制定符合启蒙运动思想的宪法。(我当然知道,对他们自己而言,他们的不同之处远远大过他们的相同之处,只是我作为局外人,看到的都是他们的共同点。)可就是这样一群人,几个月来不停地互相指控,彼此说对方是阴谋家、罪犯,并且毫不手软地把对方送上断头台,就像邀请人去吃晚饭一样简单。这可不是在演戏啊,断头台上的人头是真的切下来的,那几个吉伦特派的人已经丢了性命,可以预见,其他人的脑袋也快要保不住了。(我痛苦地想到他们对孔多塞先生卑鄙的指控。)

人们试图去解释这样的暴力行为:一个政权倒台之后,新的政府还没有非常稳固,暴力行为是无可避免的;边疆不稳定,国内局势也堪忧,国民议会的议员们才会觉得到处都是威胁,到处都是敌人。可这并不是理由,因为自从冬天以来,恐怖统治越发得势,旺代省(Vendée)的暴乱也已经被压制,所谓的敌人已经被赶出国境。除了上述原因,我觉得还和有些议员的性格有关,例如罗伯斯庇尔和圣-朱斯特(Saint-Just)。他们认定要在共和国中实行真理和美德[1],只要发现有一点点反对他们观点的人,他们就恨得咬牙切齿,并且要立刻斩草除根,免得这人污染了其他那些思想没那么清晰的人。这实在是一种疯狂,虽然我并不知道该怎样定义这疯狂。

总之,在恐怖统治下,一切水涨船高:每个人都要表现出自己冷血的一面,免得自己看上去软弱好欺负,冒着成为"嫌疑犯"的风险。

然而,我觉得有一个重要的原因,是必须要提及的:年轻。差不多半数以上国民议会的议员都没有满三十岁,而剩下

---

[1] La Vérité et la Vertu,基督教传统的价值观。

的另一半也只不过三十多一点儿。我的意思不是说，年轻就没有益处，年轻的好处众所周知，多得我都无法列举。

但提及年轻，与之挂钩的还有炽烈的热忱，过于骁勇好斗，过快的判断，对世界太过简单的看法；而且年轻人都有一种强烈的欲望，总要表现出比自己真正所是的更加强硬。再则，对年轻人而言，死亡是那么遥远，那么诡异，他们看待死亡总有一种难以理解的与己无关的态度，而四十好几的人决不会这样看待死亡。在我看来，这些年轻人太草率地把自己的同僚送上断头台，或者说，他们自己对待死亡的态度太随便。如果他们真正直面死亡的刑具，在震耳欲聋的人群喧嚷声中，亲眼看见他们的长辈或同伴被处死：那些人，在断头台上弯腰之前，都是他们曾经爱过的，而现在他们竟双手沾满自己所爱的人的鲜血，我想那时，他们的轻率才会改变。

我甚至注意到，罗伯斯庇尔和其他人都避免出席他们所宣判的死刑行刑现场。或许他们隐约感觉到，要强而有力地执行这终极惩罚，死亡最好一直是个抽象的概念。当然，在我们的国民公会里面，确实有真正的嗜血者，但数量比我们想象的要少得多。

玛蒂尔德三天没有来了，我担心她遭遇了什么不幸。或者，是我遭遇了不幸：她遇到了比我优秀的男人？

舍万热做了个梦，梦见一片茂密阴森的大树林，幽暗处盖满了英国士兵的红色制服。树林深处传来土著疯狂的喊叫声、枪炮声。一团巨大的云朵在树林的上空不断膨胀，云里充满了鲜血和激烈的打斗影像。

他被清晨的日光照醒，半睁着眼，发现囚室的门是开着的。半梦半醒中，他忘记自己还戴着锁链，只是刚一动手脚，长年留在手脚上的伤痕处就疼痛不已，提醒他仍被铐住的事实。一个男人靠近他的身旁，温和地看着他，只是他认不太出来是谁。

"巨人"无法忍受如此靠近的距离、如此温柔的眼神，便大叫、暴怒、舞动着锁链。当他暂停下来，这个男人说话了：

"我是菲利普·皮内尔，你的医生。告诉我……"

舍万热又喊又叫，全身肌肉收缩，打断了医生的话。当他喊完一轮，要喘口气的时候，医生又一次对他说：

"告诉我，是什么让你这样痛苦……"

话音刚落，"巨人"再一次大喊起来，让医生无法继续说下去。

菲利普却没有因此灰心。终于，当他第五次问了问题，"巨人"不再喊叫，出奇的平静，定睛看着他。他宽阔的额头下，双眼充满愤怒和惊恐。他半张着嘴，说出第一句话，声音像是从地底深处传来的：

"我是中将舍万热。"

菲利普平静地听着，等待着安静的氛围充满整个房间，然后下达指令：

"告诉我你的故事。"

"我和英国人、印第安人、土耳其人打过仗，我把他们统统推到大海里。"

"告诉我。"

25

共和国二年雪月十日

"巨人"的思想就像一头横行乱撞的野兽,我则像马戏团的驯兽师,得非常努力才能让它愿意跳过一个个铁环。有时,我还真的做到了:他回答我的问题,向我讲述听上去很可信的回忆,我甚至觉得他知道我是谁,也很愿意和我在一起。可惜的是,这种情况持续不了多久,很快他就闭口不言,独自陷入阴郁的思想中,用充满恶意的眼神看着我,然后咆哮着脏话,这时我真感激有铁链锁着他!咆哮结束后,他对我问的问题充耳不闻,沉默不语。这场景就像一头熊的主人希望它多走一圈,而它却一动不动,只用咆哮声和愤怒的眼神来回应。

每次走出囚室,我都筋疲力尽,常常因为他毫无进步而灰心失望。虽然偶尔会看到一点点进展而欢喜雀跃,可大多数时候总是由于无法摸透他瞬息万变的思绪而忧心忡忡。

其实说到底，要真正理解、明白他人本身就是非常困难的，"巨人"只不过是一个极端的例子罢了。我们总是为自己的利益去揣测别人的思想，比如一个男士揣摩一位漂亮女士的心情，多半是为了吸引她，说服她跟他有进一步的发展。

在心情低落的时候，我仍然自我安慰说，我很快就会更好理解我暴躁的"巨人"，毕竟我花了很多时间跟他在一起。而我心爱女人的想法呢？且等呢！

下午

喜悦！欢庆！我刚才收到了玛蒂尔德写的小便条！

她只是告知我，这个星期她不能来医院，她很抱歉，但下星期一就会来看她叔叔。她写这张便条是怕我看不到她而担心。

简短的几个字，我却无法描述看到她亲手写的字的喜悦！她想着我，在意我的感受！所以才会写便条通知我，叫我不要担心。

我一遍遍地读这几行字，每一次都欢喜地想要跳起来！我还得不断地提醒自己，不要让别人看到我像寄宿者们那样疯狂！

"钟表匠发明家"潜心发明他的机器。按照皮内尔的要求，他弟弟带来了一个工作台和许多钟表的零配件，让他可以在囚室内工作。现在，台子上摆着一台看上去很复杂的机器，由好几个部分和许多弹簧组成，仿佛钟摆里面的许多部件要从钟摆的外壳里跳出来，像棵树一样，朝各个方向生长。

"发明家"一只眼睛上戴着修表眼镜，脸绷得紧紧的，专注地在这机械物上加一个铜制的平衡杆。这时，囚室的门打开了，马兰古和布瓦利韦尔走了进来。壮硕的布瓦利韦尔端着热气腾腾的汤锅，马兰古指着锅说：

"该喝汤啦！"

"发明家"似乎完全没注意到他们俩来了。修表眼镜上方紧皱的双眉，显示出他依然只专注于他的作品上。

马兰古显然觉得被忽视了，很生气。

"听到了吗？汤来了。从你的位置上站起来，端碗来盛汤！"

可"发明家"沉浸在自己精细的发明中，动都不动一下，马兰古的脸更臭了。

"对(最)好别惹他。"布瓦利韦尔口齿不清地低声说道，他没忘记"发明家"现在是完全自由的，身上一条锁链都没有。

"这不是惹不惹他的问题，"马兰古反驳，"如果他饿着肚子，更容易发脾气。看着，他会注意到我们的。"

马兰古想到马上要上演的场景，不禁心情大好，嘴角浮现一丝微笑。他拎起汤桶的手柄，提得高高的，然后重重地把它放在工作台上。不幸的事就这样发生了！工作台顿时被震得摇晃起来，眼看着"发明家"的机器被震得四分五裂，一个零件、两个零件……从机器上掉下来，弹到地上。

"发明家"终于抬起了头，看着马兰古。他那吓人的眼神，本该让马兰古警惕起来，后者却用更强硬的方式来掩盖自己的局促不安：

"喝汤的时间就该喝汤，不用看钟就能知道！我说了，拿你的饭盒来！"

"小心！"

话音刚落，眼看着"发明家"已经扑到马兰古身上，紧紧抓住他，往他脸上揍了好几拳。

"放开我！"马兰古大喊，同时想要奋力挣脱。可"发明家"暴怒时力大无比。

马兰古好不容易才挣脱开来，"发明家"却顺势拿起了一个钟表配件——尖尖的杆子，好像铁镐一样，重新扑向马兰古。马兰古的脸顿时开了一条大口子，鲜血直往外流。布瓦利韦尔从背后抓住"发明家"，马兰古趁机逃出囚室，一边跑一边惨叫着。但"发明家"很快就用力脱身了，他一手举着利器当匕首，疯狂地追着马兰古。

厨房里，大家正在预备晚饭。杂役们围着冒着热气的大炖锅，有的洗碗，有的给果蔬削皮，有的啃着面包，有的只是无所事事地闲晃。这时，马兰古大叫着冲了进来，"发明家"紧跟在他后面，惨白得像鬼一样。他们俩绕着桌子追来追去，弄翻了碰到的所有东西。旁边的人尖叫着闪开，桌椅和厨房用具乒乒乓乓全倒在了地上。突然，"发明家"看到一把菜刀，放在桌子上一堆土豆旁边。他停了下来，抓起菜刀。周围人全都安静了。那些本来准备扑向他的杂役们倒退了两步，马兰古对着墙全身发抖，他已经被逼得走投无路，而此时，"发明家"更加死死盯着他。谁敢动一步去救他呀！大家心里暗暗计算着，谁要是第一个冲上去救马兰古，都得准备好在肚子上挨一刀。当然，没人急着去做替死鬼。

厨房的一扇门开了，一个黑色纤细的身影出现在门口。是玛格丽特-朱布莉娜。她看到"发明家"拿着刀，杂役们满脸惊恐一动不动，而马兰古则快晕过去了。来不及细想，就要迅速地应对。她假装没特别注意到"发明家"，径直走向那张堆着土豆的桌子，抓了个土豆，从围裙里拿出小刀削起皮来。她看也不看"发明家"，可他却盯着她，不知道该生气还是该吃惊。她削着土豆，头也不抬一下，对"发明家"说道：

"你站在那儿，活儿可不会自己干完啊。"

大家惊讶极了，小声地交头接耳。"发明家"更是呆若木鸡。

"还要我教你怎么削土豆？"

她递给他一个土豆。他迟疑着接了过来。玛格丽特-朱布莉娜继续削着土豆。"发明家"观察了一会儿手里的土豆，就小心翼翼地削了起来。女人和疯子，肩并肩，默默地削着土豆。

这时，福科尼耶出现了，跑得气喘吁吁的。其他人给他让出路来，好让他靠近"发明家"。他向"发明家"摊开掌心。

"来吧，你该回去工作了。"

"发明家"看了看他，把刀放在了他的掌心上。

稍后，"发明家"回到了囚室，普森叫人给他重新戴上锁链。

"非得用锁链给他锁上吗？"菲利普问。

"对他来说不是必须的，他已经完全平静下来了。这样做是为了安抚杂役们。"

"杂役们？"

"他们应该会觉得我们的不谨慎让他们在冒生命危险。"

"这个时间，马兰古应该已经在鼓动他们了。"福科尼耶补充道。

普森耸了耸肩，似乎在说：他并不在乎马兰古的反应。可菲利普注意到福科尼耶非常担心。

"还是有好消息的，"菲利普安慰他们说，"刚才我终于和舍万热对上话了。"

可这也没有让那两个人开心起来。

他们确实有理由担心。他们说话的时候，马兰古正在休息室里，站在小矮凳上，指着自己受伤的脸，对着杂役们大放厥词。

"我的眼睛差点儿被挖掉了！这些好先生们释放了疯子，可看看，在我身上都发生了些什么！"

周围的杂役们纷纷表示肯定。

"今天是我被攻击了，明天，同样的事就会发生在你们身上！"

"没错，没错！"他们嘴巴上说着，心里却在偷笑，平常如此霸道的马兰古，刚才却被逼到墙角直哆嗦，那场景实在好笑。

"他们甚至说也要释放舍万热！！"

这话才让所有杂役情绪激动起来。

"舍万热？天哪，不要啊！要让他们停下这疯狂的行为！我们去跟他们要求！"休息室四处响起了抗议的声音。

马兰古得意地想，胜利就在眼前了。

"所有人，一起去主管那里。"他喊道。

此时，主管正在办公室里胡思乱想，闷闷不乐。这个新医生行事不按传统，满脑子新奇想法，真让人担心。主管觉得他的收容所就像一个长病不起的患者，非常脆弱，只有简单又谨慎的治疗方式才能控制住它的体温，而体制上任何轻微的改变对它来说都是致命的。更别提收容所外面满城风雨：政局动荡，战争马上就要爆发了。任何的动荡，加上比塞特医院里各种的精神病，它一定会成为最先被影响的暴风雨中心之一。虽然福西尼先生一直都在，可这并不能让主管安心一点。老人家是两耳不闻窗外事的典型，一心只想着他的植物和蜜蜂们。尽管他并没有办法完全置身事外，或许植物和蜜蜂能让他暂时忘记一团混乱的时局，又或许年纪大了，这个令人敬仰的公民思想也迟钝了。

仆人走进屋子,打断了他的思绪:

"先生,杂役们想见您。"他通报道,看上去紧张得快要发疯了,这让主管立马警觉起来。

"快让他们进来。"

主管坐在椅子上,看着杂役的代表们一个个进来站在他面前,很快就把房间占满了。他们一声不吭地站着,脸上满是恼火和不安。

"发生什么事了?"

马兰古站出来,脸上的伤口还在流血。

"先生,我们来是请求您保护我们,让我们不被那些不知道自己在做什么的人伤害。"

普森好不容易才在太太的监视下把汤喝完。

"他们告诉我关于'发明家'的事了。"他说。

"他们说了什么?"

"说你让他安静了下来。"

她嘴角浮现出难以察觉的笑容,双颊立刻因害羞而变红,但这不意味着她为所做的事而自满得意。

"他们全站在那儿,不知道该怎么办,我必须得做点什么。"

有人敲门,她过去开门。

是马兰古,有几个杂役跟着他,他一副得意的样子。进来后,他把一张手写的条子摆在了普森的汤盘前面。

"你来做什么?"

"给，我的监事长先生，读一下这张纸条吧。"

普森低声读道：

"'给所有已经被释放的精神病患重新戴上锁链……'重新戴上？"他忍不住大声重复道，火冒三丈。

"是我们主管亲自写的！"马兰古还补了一句。

普森狠狠地盯着他，脸涨得通红，跳起来抓住马兰古的衣领。

"是你教唆的吧！一定是你！"他咆哮着，把对方的衣领抓得更紧。

"放开我！"马兰古呻吟着。

"该死的下流胚！"

普森把马兰古按在桌子上，死死扼住他的喉咙。马兰古想要掰开他勒住脖子的双手，却是徒劳。

"救命啊！你们救救我啊！"他好不容易才发出声来。

旁边的人却一动不动。杂役们被吓呆了，眼睁睁看着他们的监事长掐住那个想要他位置的马兰古。一个人出现在他们背后，拨开人群走到两个打架的人面前。是菲利普，福科尼耶跟在后面。福科尼耶告知菲利普这里发生的事，两人就赶快过来了。

"发生什么事了？普森先生，到底发生了什么？请住手！"他按住普森的肩膀，说道。

普森这才缓过神来，直起腰，放开了马兰古。

"普森先生，他到底做了什么？"

一片沉默。福科尼耶捡起纸条，递给皮内尔。他读了，然后看了看马兰古。

马兰古站起来，揉揉被掐红的脖子。突然眼泪大颗大颗地掉下来，呜咽着说：

"我做错了什么！您看看他做的！您的想法是很好，可不好的事都由我们来承担！全都落在我们头上！你们说是不是？"

杂役们全都点头，赞同。普森再也受不了了，面向他们说：

"你们是人还是动物啊？疯子们跟我们一样，也是人啊！"他怒火冲天，大喊道。

其他人吓得都后退了一步。

突然，普森似乎下定了决心，转身离开，重重地摔门而出。

菲利普转向杂役们：

"有人可以告诉我到底发生了什么事吗？"

马兰古刚开口要说话，菲利普却注意到了人群后面布瓦利韦尔壮硕的身影：

"不是你，马兰古。布瓦利韦尔先说。"

半小时后，菲利普出现在主管的办公室：

"先生，"他开口说道，"我承认这是一起严重的事故，可不能因此否认这个病患的进步，更不能否认其他病患的进步，像阿道夫·科德迈、'世界之王'……"

"先生，您可以对着墙壁讲这些。我不会改变我的决定的。您在尝试新的治疗方法时不够谨慎，给这家医院带来了麻烦。"

"先生，改变总会带来一些风波。看看我们的国家就知道了。"

"什么！您说什么！……这是多棒的对比啊！您想在医院的四面墙内带来内战吗？对啊，就是精神病患们和杂役们之间的战争！这是您的计划吧？引起这场战争难道能够治好我们的病患？"

"我承认我例子举得不好。可您没看到我用的治疗方式所带来的好的改变吗？'世界之王'安静多了……"

"而杂役们快要造反了。"

"先生……"

他们这样谈了很久，可主管仍然没有改变主意：全部都戴上锁链，永远不得解开。

26

共和国二年雪月十二日

我被狠狠上了一课。

我忘了,要好好治疗一个收容所的精神病患,一定要同样重视照顾他们的杂役。如果要一个病患完全接受医生的治疗方案,所有人,从监事长到打杂的人,都要对治疗的原则和企图达到的目标非常清楚。

马兰古这个人,显然很难安置。据我所听到的,由于没有被提拔做监事长,他长期觉得自己没有被尊重,尤其当普森来了之后,立刻当上了监事长,马兰古觉得普森夺走了他理当该得的位置。

福科尼耶跟我说了更多关于他的事。马兰古从小就没有父亲。他母亲是大户人家的用人,被主人引诱发生了关系,怀孕后生下了他，可她很快就把他交给她姐姐养，自己跟巴黎的一个门房结婚了。马兰古就在表兄表弟们的嘲笑声中长大：私生子、杂种，从来没有享受过正常家庭中的小孩成长过程中必不可少的关爱。

假设我花心思在他身上，去了解他的过往，我应该会更加理解他的疯病（我们每个人都有自己的疯病）。

在经历了童年的羞辱和不公平待遇之后，他来到了这家收容所。和杂役们在一起，他感受到了兄弟般的情谊。这里就是他的新家，他就像是大家的头儿，大家都尊重他。（他擅长指挥别人，这是从他不尽责的父亲那儿遗传的，还是在不幸的童年经历中磨砺习得的呢？）当医院的捐赠人任命普森为监事长时，马兰古似乎又回到了童年一直被欺负的状态，就是他长期以来一直在忍受的：大家总是不喜欢他，而喜欢其他小孩。童年时刻骨铭心的经历会在我们生命中留下无法磨灭的记号，没有什么比这些记号更能唤醒我们激烈的情绪了。所以，马兰古才会对普森如此愤怒。

尽管我现在更加理解他，可我却帮不了他，因为我们各自所处的位置，使我无法把他当作我的病患。我只能提醒自己，尽我所能不要太鲁莽地碰到他的敏感点，并尽量减少他心中由普森引起的憎恨。

至于赶走他，在我看来是不可能的。一是他在杂役们当中有一定程度的威信，再则就这样赶走他也不符合我自己的公平原则。

当我想到马兰古的经历，再对比我自己，便非常感谢上帝，使我出生在一个充满爱的家庭里，我的家人们非常团结。因此我的个性温和、自信，我在意别人的感受，也渴望周围的人和睦相处。然而，正是这样温和的成长环境，毫无疑问使我缺乏质疑的个性和严厉的态度，这两者对于希望名垂青史的人是必不可少的。

归根结底，今天发生的所有事，都只是大家家庭历史的延续罢了。只需要找到原生家庭父亲的形象，所有问题就迎刃而解了。

27

比起上次会面时的样子，福西尼先生似乎更加苍老了。他苍白，毫无血色，动作迟缓，仿佛一个幽灵，毫无目的地在他办公室四处堆放的杂物堆中间游荡。只有他的蓝眼睛，仍然炯炯有神，充满梦想的光辉，让他看上去年轻些。

老人看上去心情非常不错，在稍稍谈论了蜂蜜和椴花茶之后，菲利普才说到他拜访的真正目的。

"督察先生，我承认，这是个不幸的事故，但……"

他说话的时候，福西尼先生好像并没有在听。老人茫然地笑着。难道他又在考虑一个新的种植计划，好给病患们提供治疗用的新型煎剂？一定是的，看他动手在纸上写了几行字，根本不问菲利普任何问题。

菲利普灰心地讲完了他要说的话，正在心里自问，是否吸引了这位魅力十足却心不在焉的老人的注意力，福西尼先生把他刚刚写的纸条递给了菲利普。

"我，比塞特医院总督察弗兰索瓦·福西尼，授权给主治医生菲利普·皮内尔，请他全权处理躁狂精神病患相关事宜，特别由他来决定，是否继续使用锁链。此指示取消、取代此前所有其他指示。"

菲利普惊呆了，为自己之前认为老人对他所做的努力毫不关心而感到羞愧。

"先生，我不知该如何……"

福西尼先生笑了。

"不用谢我。有一天我在医院里散步，看到了您的努力所带来的进步。您新的仆人，还有那些越来越自由地散步的人……"

老人仿佛是为了更有力气说话，倾身靠向菲利普：

"……另外，我也明白您的治疗对于我观察煎剂治疗方式的效果是必不可少的。如果一直用铁链锁住躁狂病患，让他们筋疲力尽，又怎能知道煎剂对他们的疗效如何呢？……"

菲利普庆幸自己经常让病患服用总督察开出的糖汁和煎剂，当然对于那些看上去有危害的糖汁和煎剂，总是叫人用水大量稀释了才让病人服用。

"……尽管我认为精神病患发病的主要原因是由生理和器官的化学变化引起的，但我仍然承认您所谓的心理疗法，对他们很有效。我必须得说，我的治疗方式很有限，我需要更多的植物，需要发掘奇异品种的疗效，需要到处旅行了解其他国家土著们的传统治疗方式……"

当老督察讲到遥远国度形状神奇的植物品种，脸上大放光彩。那些品种，他只在探险家写的书里看过。毫无疑问，他梦想着，在异域国度发现治疗精神病的特效药方。而此刻，那些特效药方还藏在异国植物的汁浆里，待人发掘。

说着说着，他突然停住了，一脸忧郁。显然，想到自己的年纪，还有最近发生的事，他是不可能来一场自然爱好者的旅行了。

"植物世界可提供的药剂这么丰富，我确信我们连千分之一都还没有发掘出来，"他总结，"就让比我年轻的后人们来挖掘这宝藏[1]吧！"

---

[1] 首剂在精神病学中使用的植物萃取物叫利血平，安定药的前身，一九五三年从萝芙木里提取。这种植物早在几个世纪前就被热带国家的土著们用来治疗疾病。

共和国二年雪月十五日

这两天,"发明家"一直大喊大叫,整个比塞特都听得见他的声音。他无法忍受重新被铁链锁起来。经过和主管以及杂役们的协商,他们最终同意其他躁狂精神病患不用重新戴上锁链,前提是一定要锁上"发明家"。

"发明家"在囚室内,眼睁睁看着他的永动机,却不能摸它,这让他情绪更加激动。所以我不得不叫人把机器从囚室挪到我的办公室,它在我的办公室很安全,而且是极美的装饰品,所有访客看到了都赞叹不已。

自那之后,我每天都去看他,尝试在他身上应用我的疗法:

——温和:每次和他见面,我尊重他,努力让他感受到作为人的尊严。

——坚定:锁链让他失去自由,行动不便,虽然很残忍,但有必要让他明白,他每次暴力的行为只会给他自己带来麻烦。

——疏导他的热忱,而不是试图熄灭他内里热情的火焰,因为这是不可能的。我向他承诺,一旦他安静下来,他就可以继续制造永动机；而且我让他感受到我对他工作的后续进展非常感兴趣。

——导正错误思想：我耐心地跟他讲道理，让他明白他的阴谋论是想象出来的。法兰西学院院士对他的发明持怀疑态度，仅仅是因为据目前有的机械运动原则，永动机是不可能存在的，他们并没有打算窃取他的劳动成果。

我称这种疗法为心理疗法，只为了区别于物理疗法——淋浴、放血等在主官医院大肆使用的治疗方式，这些疗法治疗效果甚微，副作用却往往是灾难性的。

那么我的治疗给"发明家"带来好的效果了吗？是的。他大喊的次数越来越少，而且每一次我进入他的囚室，他都会安静下来。他愿意和我谈话，尽管我还没成功地让他放弃阴谋论，但这论调对他的影响已经越来越小。或许他对我建立起来的信任，慢慢让他对其他人也多了一份信任。

另外，我也在继续跟进舍万热，漫长的治疗过程进展得相当缓慢。当他偶尔有点进步的时候，我便非常满足。

一整篇日记，我都在记录工作上严肃的事，可事实上，当我写这些时，有一半的心思都在想玛蒂尔德。我已经决定了，当我再次见到她时，一定要跟她表白，或许她会接受呢。看，当我写这几行字的时候，手可一点儿都没有抖。

28

天气晴朗而寒冷。过去几个星期的积雪,在路旁结成又灰又硬的冰,中午太阳出来时化掉一点,但夜幕降临时又重新冰冻起来。马兰古和布瓦利韦尔以检查漏水的水管为由,爬上屋顶,实际上是为了晒晒太阳偷个闲,顺便观察观察来来回回的人们。

在躁狂病人区附近,一个男人吸引了他们的注意力。这个男人穿得很寒酸,脸被一顶大帽子的宽帽檐遮住。看上去很像流浪汉或是正在找工作的记者。只是他踌躇的样子,谨慎的步伐,慎重的举止,让他看起来和一般的流浪汉不太一样。

马兰古对这一切异常敏感,可他也说不清楚到底是哪里不太对劲儿。在他看来,这个男人不是流浪汉,是一个打扮成流浪汉的绅士。

"你看到那个好笑的人了吗?在那里。"他问布瓦利韦尔。

牛一样壮实的男人朝着马兰古指的方向看去。

此时,"流浪汉"正朝院子走去。傻子注意到了他,就朝他跑去。他像一只快乐的小狗,乐呵呵地向这个新来的人打招呼,跟他握手。

"看,他在交朋友!"布瓦利韦尔叫道。

他觉得自己开的玩笑真好笑,不禁狂笑,笑得自己全身颤抖,连屋架都被他震得抖动起来。

"静一静,傻帽儿!小心点儿!"

那个男人在院子里,仿佛害怕引起别人注意,慌忙离开傻子,朝长廊的屋檐下走去。但傻子不愿放过他,一瘸一拐地跟着。

"这人到底是谁呢?"马兰古自言自语。

"间谍!"布瓦利韦尔喊道。

马兰古忧心忡忡地看着布瓦利韦尔。这呆子今天怎么了?开始用脑子思考了?还是得了热病?

"可能吧。公共安全委员会[1]的眼线。或奥地利间谍。"

"要抓住他!逮住他!"布瓦利韦尔咆哮着。对他来说,行动总是比思考重要。

初春的阳光正轻轻拂过院子的另一个角落,"世界之王"穿着件细亚麻布衬衫在散步,他的双臂可以自由地在衬衫内活动。除了脚踝上绑着很松的皮绳,他身上没有任何其他锁链了。强

---

[1] 法国大革命时期政府建立的特殊组织,其目的在于维护法国大革命的恐怖统治,并代为执行警察的职责。

壮的福科尼耶就跟在他后面不远的地方，目不转睛地监视着他。这位高大的精神病患显得非常高兴，下巴抬得高高的，仿佛向整个世界微笑，大概是因为他认为整个世界都属于他。

在长廊的荫蔽处，玛蒂尔德和菲利普观察着他。或者这样说更确切些：侄女正盯着叔叔看，而菲利普正偷偷地看着玛蒂尔德迷人的侧影。

"他病情好转了，多么神奇啊！"她赞叹道。

"他的病并没有好转。"

"真的吗？"

就像是为了附和医生所说的是正确的，"世界之王"经过他们身旁时嘟囔道：

"沙图，讷伊，莫斯科，我美丽的城镇啊……"

菲利普接着解释：

"您听到了吧？……他的病情并没有好转，只是他安静一些了。"

"是发生什么神迹了吗？"

"这不是什么神迹。每天他安静点儿时，我们就多松开一点儿'强力衫'。有一天他想要打一个杂役，我们就责骂了他，并把'强力衫'绑紧些。几天后，他又安静下来时，我们就又松一点儿'强力衫'。即使他还有精神病，他也能够理解我们对他所做的。"

"我也理解，"丽人笑着说道，"但我仍觉得这是个奇迹。"

皮内尔热切地看着她。"来吧，"他对自己说，"正是这个时候。"

"奇迹，夫人，有时并不是您所想的那样。"

"哦，是吗？此外，还有什么样的奇迹呢？"

这时，她发现医生看她的眼神不寻常。

"夫人，这个男人的精神病慢慢被平复下来，另一个前不久却新得了疯病。"

"您想说什么？"

她突然一下子明白过来，脸涨得通红。

"哦，先生，拜托您不要再说了……"

"夫人，我不想冒犯您，可我为什么不能再说了呢？"

"您不应该再说了。我不能，也不应该听您说下去。没用的……"

"所以您要给我戴上锁链吗？"他喊道。自己相当满意这个戏剧效果。

"不是的，先生，是我请求您不要给我制造新的锁链，让我不自由……"

菲利普一面努力去理解这话中的意思，一面希望怦怦乱跳的心赶快平静下来。突然，他看到一个人朝他们走来，这个人就是马兰古和布瓦利韦尔口中的流浪汉。这人的身影怎么会这么熟悉呢？天哪，不会吧，这不会是……

"夫人，我必须要离开一会儿。"

"发生了什么事？"

他急匆匆地走了，没再多说一个字，留下她一个人，一头雾水。

马兰古和布瓦利韦尔看上去很高兴发现了这个人。

"我们刚看到他时,他正在院子里晃。"

"他是间谍!"布瓦利韦尔叫嚷着。

菲利普走近他们。虽然他消瘦了很多,胡子拉碴,穿得也很寒酸,菲利普还是一眼认出了这张被大帽子遮住的脸。孔多塞先生看着他,凄凉地笑了。

"他是我的一个旧病人,"菲利普机灵地反应,"先生,您现在怎么样?"

"旧疾复发,"哲学家说,"所以我来找您给我看病。"

29

孔多塞先生坐在沙发上，闭着眼睛，脸上铺满了肥皂泡沫，脖子上围着毛巾，英国老人在他身边转来转去，给他刮胡子。老人训练有素地刮掉最后一簇泡沫，放下剃刀，用热毛巾仔细地为这位哲学家擦脸，随后拿掉他脖子上的毛巾，最后把所有东西都摆在托盘上，托着托盘离开了房间。

"我从来没有享受过这么好的剃须服务。"

这位伟人重新变得干干净净，稍稍休息后，还吃了点鸡肉充饥，这样他整个人精神多了，完全看不出来他已连着好几天在外游荡，没有吃过任何东西。他站起来，谨慎地朝窗外看了看。每天东躲西藏，到一个地方就确认安全性，这已经是条件反射了。

菲利普从来没想到能如此接待他的恩师，这个伟大的男人能在困难时向他求救，这实在让他觉得很荣幸。

"这里有很多舒适的房间，食物也不缺乏，您可以住下来。"

"谢谢您让我在这里暂时休息，但我必须要离开。"

"为什么不多住几日呢?"

"不行。如果我在这里被人发现,不仅我会被砍头,您的脑袋也保不住。要是我被人抓住,我不想连累任何人,尤其不想连累我的朋友。这也是我离开之前的藏身处的原因。我住过的那个地方,最近有人开始怀疑那周围有'嫌疑犯',虽然我并没有暴露,但我不想给那位帮助我的夫人带来麻烦。"

"没有人会找到这里来的,"菲利普回答说,"放心留下来吧。"

"还是不必了。您很慷慨,但我必须离开。"

"别忘了,这里的人现在以为您是我的一个病人。我把您留下来是很自然的。"

孔多塞有些犹豫。菲利普继续坚持:

"我可以给您一个房间住下来,然后我常常去查房。就像我对待任何一个病患那样。"

孔多塞迷茫地看着窗外,若有所思地笑了。

"我的提议让您很高兴吗?"

"是的,我的朋友。您建议我装作比塞特医院的精神病患。这很公平。这确实不会让人怀疑,因为我本来就有点疯。"

"先生,您在嘲笑您自己哪!"

"没有,一点儿也没有。您看,我冒犯我自己所处的阶级,建立了共和国。而现在,正是这个共和国想要我的命。这整个过程难道不疯狂吗?我不正像是犯了精神病吗?"

"理论上,这确实像是精神病患做的事。"

"那么实际上呢?……比疯子所做的更加混乱吧。"

共和国二年雪月十八日

为避人眼目,我把孔多塞先生安置在废弃楼层的一个房间里。在这个收容所来来回回的人根本注意不到这里。而我每天去看他,叫威尔伯每餐给他送饭。这样做非常保险,因为威尔伯对我很忠诚,即便有人问起他这里的情况,他也不懂法文,不知道如何回答。

我们愉快地谈论着哲学。虽然谈论的是哲学,气氛却很轻松,两个朋友间的交谈而已。说到朋友间的交谈,能够成为这样一位伟人的朋友,我真有些沾沾自喜呢。在将来的几百年里,人们会不断地提及他的名字;而我的名字则会跟我一起进入坟墓,留在黑暗中。

这份友谊使我获得极大的安慰,尤其在我感情受挫的时候。显然,我的表白没有被接受。孔多塞先生的出现确实打断了我的表白,但我现在也不敢坚持讲出当时没说完的话,害怕给她留下胡搅蛮缠的印象。她丈夫刚过世不久,她肯定还在伤痛中,说她还沉浸在对丈夫深深的思念里,一点儿也不为过。

此外，我们都没有时间好好彼此了解。在这种情况下，我居然讲出来那些表白的话，实在太蠢了。

与其让我沉浸在对她火热的爱慕中，不如像现在这样，还没有完全说清楚就知道她拒绝的心意。当我写下这句话，自己都被这自我麻痹的想法震惊了！可能我内里的一部分仍然抱持着希望，我们之间什么都没有发生，没有表白，没有拒绝。自我麻痹，可以让我压抑这部分的希望，而且不用感受到被拒绝的痛苦？

比起孔多塞先生遭遇的困境，我这根本算不得什么。他离开深爱的妻子和女儿已经好几个月了，不敢冒风险去见她们，免得她们也有被砍头的危险。即便在这样的处境里，他仍然坚强地和我谈笑风生，并且给我特权，让我享受他的友情。

屋顶监察员马兰古和布瓦利韦尔,在他们最喜欢的位置观察着。他们看到主治医生离开新寄宿者所在的楼房,这新寄宿者,就是那天他们看到的流浪汉。

"奇怪的病人。"马兰古说。

"什么?"

"我说,奇怪的病人,他从不出病房。"

"当然喽,他病了嘛!"

布瓦利韦尔觉得自己的推断无比正确,正确得他自己都吃惊地闭上了嘴。

"有一天,我听到他们谈话了。"马兰古接着说。

"你在门后偷听啦?"

"是的。"

"要是被抓住,你就惨了!"

"他们谈论的话题很高深。自由,平等,启蒙运动,伏尔泰。"

"伏尔泰?"

"作为一个病人,他讲得实在太多了。"

"伏尔泰?你认为他是伏尔泰?"

"当然不是啦,笨蛋!伏尔泰已经死了。我觉得是一个被追捕的人。"

"谁?为什么被追捕?"

"我也不知道。我正准备调查调查。"

共和国二年雨月三日

我在资料夹里找到孔多塞先生去年写的关于罗伯斯庇尔的文章，该文章发表在《巴黎纪事》上：

"有时，我们会问：为什么有如此多的妇女追随罗伯斯庇尔？无论在他家，在雅各宾俱乐部讲坛[1]，在科尔得利俱乐部[2]，在国民议会，总有一群妇女跟着他。为什么？因为法国大革命其实是一种宗教，而罗伯斯庇尔把它变成了邪教：他是神父，有许多女信徒跟随他……他拥有邪教头目的所有品格，而不是一个宗教信仰领袖的品格。他让人觉得他为了圣洁而苦修，他登上讲台，谈论上帝和他的供应，他自称是穷人和软弱者的朋友，他让妇女和心灵软弱的人跟随他，接受他们的爱戴和尊崇，可一旦有危险，他就消失不见了，等危机一过去，他就再

---

1 雅各宾俱乐部也被称为"宪政之友社"或"雅各宾自由和平等之友社"，是法国大革命中最著名的政治团体，其前身是三级会议时期的布列塔尼俱乐部。
2 法国大革命时期由马拉等人在巴黎科尔得利修道院建立的政治组织。

度出现在人们的视野里。所以罗伯斯庇尔是个神父,仅仅是个神父,一直都会如此。"[1]这篇文章的题目叫作《历史的小小碎片》!

  我想这篇一年前的文章,对许多人来说,就是逮捕我朋友的原因。仇恨就是一种巨大的热忱。

---

[1] 出自《孔多塞,政界的智者》一书。该书由伊丽莎白和罗伯特·巴丹泰写作,巴黎法亚尔出版社一九八八年出版。——作者注

30

普森吃晚餐的时候,他太太带了一位访客进来。这位访客是福科尼耶,他想在这不寻常的时间点和他的上司谈谈。年轻人一进来就直入主题:

"皮内尔先生的新病患不像生病了。"

"你凭什么这样判定?"普森急了,大声说。

"别激动,听听他来要跟你说什么!"玛格丽特-朱布莉娜叫道。

她的丈夫于是比较温和地重复了一遍刚才的话:

"你凭什么这样判定?"

"不是我这样判定,是其他人说的。"

"其他人?谁允许他们……他们怎么说的?"

"他们好像认出了病患。"

普森一言不发。这是个非常危险的话题,他很想和福科尼耶交流一下。但在这之前,他先问:

"你呢？福科尼耶，你怎么想？"

"我不知道他得了什么病，可我担心我被传染。"

"你这么说是什么意思？"

"他的病，我认为，就是脑袋很容易会从脖子上掉下来的病。"

普森和他太太对视了一下。

"如果他真的得了这种病，"福科尼耶解释道，"我担心我、你、我们所有人都会脑袋不保。"

"别说了。"

"多说也没用。"

"好了，福科尼耶，你可以走了。我明白你的意思。"

"时间不多了。"

"我说了，我明白你的意思了。"

福科尼耶前脚刚走，普森后脚就去见菲利普。

第二天，菲利普见到漂亮的玛蒂尔德，她正朝囚室长廊走去，手上挎着个篮子，里面显然装了许多给她叔叔的生活日用品。自从她拒绝了他，他心里对她的爱也慢慢冷却下来，当再看到她时，他也不那么激动了。他重新回到医生的角色，在这个角色里，他非常自信，尽管，在他心里仍有一丝丝的忧伤。

再说了，他现在没空儿女情长，正烦心着另外一件事：把孔多塞先生藏起来。

当他跟她打招呼的时候，她好像脸红了。真让人惊讶啊！

"夫人，您好细心照顾您叔叔啊。"

"先生，您好。您看上去很平静。"

"其实相反，我很激动。"

"您还要跟我讲'其他疯病'吗？"

"没有。"他惊讶地回答道。

他最近几天努力地克制自己对她的感觉，已经下定决心，不再尝试做任何努力赢得她的爱了。

"那么，您终于正常了啊。"

听到她稍微嘲笑的语气，他仍然很吃惊。

"正常？我不晓得，不如说我分身乏术。要治疗所有病患，还得帮一个朋友找住的地方……"

他停住了，为什么他要跟她说呢？不应该跟她提起这么危险的话题。

她笑了。

"这位朋友，不就是那天的流浪汉吗？"

他怔住了。怎么回答呢？

"事实上……但……"

"如果您想给他找住的地方，他可以来我家。我家有空房间。"

"夫人，您实在太慷慨了，但……"

"您在找理由推脱呢。"

"不是的，只是……"

她把脸转向他，说：

"不要跟我说您的那些理由。我知道您将要说的理由。"

"此话怎讲？"

"我知道您的朋友是谁。"

"您肯定看错了……"

"我先生曾经跟他有来往。我见过他一两次。"

确实,他回想起来,孔多塞和吉伦特党人走得很近。那么她应该知道这位哲学家为什么被追捕了。

"夫人,要是您认识他,您应该知道,藏匿他,对他和那些帮助他的人有什么危险。"

"当然,就像您一样。"

他们的目光碰到一起,彼此稍微注视了会儿。这次,他确定,她真的脸红了。

"既然,"她紧张地搓着戴着手套的双手,"既然您跟我分享了您的秘密,我也应该跟您说说我的,我不是寡妇。"

共和国二年雨月十七日

女人心，海底针。这话是真的。我才觉得她的言语中透露着对我的邀请（"那么，您终于正常了啊。"），看到她眼神里的慌张羞涩，可马上她就浇我一盆冷水：她的丈夫还活着。

这件事情整个过程非常不可思议：他们串通了监狱里的人，偷偷用一个囚犯的尸体把她丈夫换了出来，让人以为她丈夫已经病死狱中，而事实上，他只是悄悄被放出来了。出来后，他隐姓埋名，在远离巴黎的地方生活。这样看来，这是个非常能干的男人，其实从他如此迷人的太太就已经可以看出来了。哎，他的幸福，就是我的不幸啊。

最终，我拒绝了这位美丽的夫人提供住处给我尊贵的朋友。一个吉伦特党人的房子，尤其这个人还被定了死罪，在我看来对我的哲学家朋友不是一个理想的住所，太可疑了。

所以我想到了韦尔内太太家的小公寓，我以前住的地方。韦尔内太太实在是个了不起的女人。我跟她讲述所遇到的困难，无须多言，这位高贵的夫人立刻就明白了我是在给一个"嫌疑犯"找庇护所。她连他的名字都没有问，只问了一个问题："他是个正直的人吗？"得到我肯定的答复后，她立刻就同意把房子租给孔多塞。但我考虑到她所冒的风险，还是决定把我朋友的身份告诉她。听到他的名字，她停顿了一会儿，然后平静地说："让他赶快住到这里来，这里比你的疯人院好多了。"

让-安托万说起过女人的慷慨，我越来越明白这是什么意思了。

31

共和国二年雨月十八日

今天又发生一些事，让我无法专心工作，治疗我的病患们。

午后，一小群国家警察突然持枪闯进收容所。他们来抓福西尼先生。当时，我们可敬的总督察先生正在做他的研究，还没搞清楚怎么回事，就已经被他们从办公室带了出来。他们把他带去了谢尔舍-米迪监狱 (la prison du Cherche-Midi)。

这不幸的事件使我和主管勒图尔诺结成联盟。我们试图说服主导这次逮捕的负责官员，请他放过这位与人无争的老人。但我们说的没有任何用处，反而让我们自己显得可疑。他们带着我们的总督察离开后，勒图尔诺和我悄悄谈了会儿，他替我解开了谜底，说明了这个事件背后的原因。几个月前，福西尼先生曾拒绝给一个来比塞特工作的理发师发工作证明，证明他工作时又认真又忠心。自此，这个理发师深深地恨着福西尼先生，糟糕的是，他在国民议会有后台撑腰。

怎么才能把我们的总督察救出来呢？为了找出解决方案，我们两个，勒图尔诺和我，就清点了我们在议会、公共安全委员会，甚至在大革命法庭里面所拥有的关系。借这个机会，我们就更加清楚彼此的底细了。只是，在这样一个动荡不安的时局下，没有人会愿意冒着成为"嫌疑犯"的风险去救这个几乎已经隐世的老人。再说，今天我们给他支持和帮助，明天我们说不定就因此成为他"犯罪"的同谋。

我也想到向我朋友让-安托万求助。让-安托万曾被关在监狱里，之后共和国就决定释放他，并任命他为负责南方火药和弹药的总监。他那么聪明，一定可以给我们很好的建议，只是我们不可能那么快联系上他，而时间已经很紧迫了。

最终，我想到一个主意：我认识一个比我们都机灵的男人。

花园的气氛与之前有些微妙的不同。在树荫下散步的女士们，仍然那么优雅，却不那么矫揉造作了。和他以前还在这里任职时明显不同的是，他的出现不再吸引这些女士们围上来，她们只是神色焦虑地看着他进来。

刚走进房子，他就听见有人伴着竖琴细腻优美的声音在唱歌。经过左手边的客厅，他瞥见一群优雅的男男女女，这显然是场小型的音乐会，气氛却稍显忧郁。在走廊转角处，他遇到沃德朗太太，正挽着一个男人的手。他猜那是她的丈夫，因为她假装不认识菲利普。

他来到一楼院长办公室的前厅。一个年轻的仆从坐在长凳上打着盹，听到他走路的声音，"嗖"的一下站了起来。

"我想见见贝洛姆先生。我是菲利普·皮内尔，他认识我。"

"请稍等，先生。他正在谈话，我去通报一下。"

从门缝里，菲利普看见贝洛姆坐在办公桌前，一位年轻且颇有姿色的指甲修剪师正在替他修指甲。而贝洛姆则和在办公室里的另外一个男人大声地谈话，菲利普看不到那个男人。

"……您欠我三百里弗尔，今天必须付清。"贝洛姆说，毫无商量的余地。

"可是，先生，我今天没有办法拿到钱。"男人回答道，听上去着急得快要发疯了。

"这样的话，就请您马上离开这里。"

"先生，我有太太和小孩。"

"我知道，可我不能免费让你们住下去。还有别人在等着这里的房间空出来呢。"

"我们没有别的地方可以去。我的房子被征用了，我的哥哥弟弟都在国外。"

"三百里弗尔！"

"我们会被关进监狱的。我太太……"

"三百里弗尔！"

菲利普实在不想听下去了，可他必须等着。他只好试着不去听谈话内容，专心想自己的事。然而他仍然听到钱啊，首饰啊之类的话，最后贝洛姆同意对方延期付钱。那个男人从办公室出来，惊恐地看了菲利普一眼。

"亲爱的医生！多么惊喜！居然可以见到你。"

贝洛姆看到他，请他进来。菲利普努力地摆出好脸色，听到刚才的对话内容让他觉得很恶心，但绝对不可以流露出这样的表情。

"您来找我，我多么荣幸啊！您是为什么而来的呢？"

他犹疑着，不确定是否马上回答这个问题。

"您的疗养院很兴旺哪，真让我惊叹不已！"

"对吧？我吸引了很多寄宿者。"

"这么多人来这里是为了什么？"

"僻静。"贝洛姆笑着说。

"躲避外面的满城风雨。"

"对，躲避外面的满城风雨。您来找我又是为了什么呢？"

年轻的修甲师继续着她的工作。漂亮的年轻人坐在小软垫上，这让院长看上去高高在上。

"我来是请您帮忙的。"菲利普说。

"这才对嘛，直接一点。请说。"

"比塞特的总督察被抓起来了。"

"福西尼？那个老疯子？"

"他并没有做任何对不起共和国的事，只不过是有人记恨他。一个理发师……"

"我知道这件事。情况很糟。"

"但福西尼先生是无辜的。"

"当然，如果不提他想要治疗他的寄宿者，却用药剂毒害他们。您想要我做什么？"

"您认识很多人。"

"我？认识很多人？"贝洛姆装出吃惊的表情，问道，"真的吗？"

他朝年轻修甲师说：

"你先退下吧。"

年轻女孩默默站起来，眼睛低垂着，双颊红红的，似乎很羞愧。菲利普猜，这又是一个被贝洛姆要挟来为他服务的吧。多可耻啊！她一言不发地离开办公室。

"……我认识很多……您为什么会这么觉得？"

"先生，我看到住在这里的人，就这么猜想。"

"真的吗？"

"如果背后没有人撑腰，您的疗养院恐怕没有办法办下去啊。"

贝洛姆站起来，走到窗户边，朝公园看了看。公园里的景象似乎让他很满足。

"好吧，您说对了。这里确实住了几个被大革命法庭定了罪的人……您应该也猜到了，所有这里发生的事，大革命法庭都看不到。"

"多么凑巧的眼盲症啊！"

"您别天真了。是因为我和国民议会的几个议员谈妥了条件，我们双方都不吃亏。"

贝洛姆转向菲利普，说：

"没什么比在大革命时期做生意更有趣的了……但很不容易，相信我。"

"我相信。"

"……真正让我担心的，是这里几个真正的疯子。我一个医生都没有，他们都逃走了，或者被捕了。我需要好医生。"

"巴朗东呢？"

"他的嘴巴害死他了。监察委员会的人拒绝给他发爱国公民卡[1]，他就咒骂了他们。虽然我靠关系没有让他马上被捕，但他现在必须四处躲藏，等风声过去。"

"真糟啊。如果您同意的话，我可以治疗您的寄宿者。"

贝洛姆的眼睛一下就亮了：

---

[1] 大革命期间颁发给履行公民义务、行为良好、政治清白的人。没有公民卡的人，随时有被捕、被当作"嫌疑犯"的风险。

"这主意真不错！您可以时不时来给他们治治病。"
"先生，这没问题。离开前，我可以去看几个您指定的病人。"
"好极了。我也会看看我可以为您的疯督察做点儿什么。"
"谢谢您，先生。"
"我们这样约定好了，先生。"

两天后，福西尼先生回到比塞特。看起来非常惊讶自己的这趟历险。

"事实上，"他对菲利普说，"那些人比我们想象的，要友善一些。"

共和国二年雨月二十三日

近几日睡得比较好。孔多塞先生住在韦尔内太太家很安全,玛蒂尔德常就近去看他。我知道他很喜欢这些可敬女士的陪伴。他住在楼上一个大房间里,利用这段与世隔绝的时间,专心写一本新书——《人类精神进步史表纲要》。

尽管他现在被那些疯狂的人追捕,逼至角落,他仍然相信人类精神在进步,他是多么宽容多么顽强啊!

我实在不敢想象,如果他被发现了,后果有多严重!

我甚至不能常去看他,因为新面孔、区别于过往的新动静,很容易引起监察委员会的注意,邻居也会告发。

但我也不要总是这么负面:这个在卢森堡公园附近的小房子,对我来说,是躲过历史洪涛的好处所。迄今为止,上帝对我们还不算太残忍。

32

"在我的军队里,有个布列塔尼人,叫坎特雷克。他和我一样又高又壮。"

舍万热声音响亮,在整个囚室回响。他低垂着眼睛,仿佛在检视自己的内心,瞻仰着往昔的记忆。他坐在床铺上,上半身和腿上的锁链已经撤走了,只剩下手上还戴着锁链,锁链的另一头固定在墙壁上。他闭上了眼睛。

"这个布列塔尼人后来怎么样了?"

菲利普谨慎地站得离他有些距离。今天这是第二十次的心理治疗。尽管"巨人"还不会回答别人问他的所有问题,偶尔对着空气说话,对看不见的敌人大发怒气,还是坚持说他自己是中将舍万热;可能够和他正常对话的频率越来越高,就像今天这样。几乎在每一次的治疗之后,菲利普都会叫人解开一条在他身上的锁链。对他进行的逐步释放,由普森和福科尼耶来执行,目前似乎已经到了一个非常关键的点。在他身上还剩下两条锁链,如果连这两条也被解开了,舍万热就完全自由了。所有人都害怕他完全不受约束。

"这个坎特雷克后来怎么样了?说说看。"

舍万热好像突然惊醒过来。

"有一天,在一场战役中……他走在我前面。英国人发射的圆弹就落在我们附近……至少有十个人倒下了,死的死,伤的伤……坎特雷克,他一条腿被炸飞了!他就在我身边死掉了……他用最后一口气跟我说:'现在,你是最高大的了!'"

"这是什么战役?"

"我不知道名字……在波士顿附近的一个地方。"

"谁指挥的?"

他沉默了。舍万热迟迟不回答,菲利普专注地观察着他。这男人会再一次宣告说他是国王军队的中将吗?

"罗尚博伯爵。"

"他是个好指挥吗?"

沉默。然后他答道:

"是的。"

"当时他是什么军衔?法国元帅?"

再次的沉默。然后舍万热喃喃道:

"不是元帅……是中将。"

"那你是一名好士兵吗?"

"是的,所有人都这么说。"

皮内尔弯下腰，抓住"巨人"的手，把钥匙插进他的手铐里，解下手铐。舍万热惊讶极了，仔细地看着他获得自由的双手。

"士兵，你又自由一些了。"

之后，菲利普在院子里碰到普森。

"普森先生，你好。"

"舍万热怎么样了？"

"很好，非常好。我让他意识到了他是士兵，不是中将。"

普森没有回答。这好消息并没有让他看上去乐观一点儿。

"还有，普森先生，我刚才亲自解开了他的手铐。"

"那他身上只剩下一条铁链了？"

"是的。我知道这有些仓促，但我觉得他今天的进步很大，应该用正式行动来肯定和鼓励他脆弱的心灵……"

这话听上去非常有道理，普森却皱着眉，那脸色，仿佛深谙种植之道的农夫，却被一个四体不勤、五谷不分的资产家教导如何种田。

"……我知道我在做什么。等我很确定的时候，再请你们解开他的最后一条铁链。"

"确定什么？"监事长问道。

"确定他不再觉得自己是中将。"

"就算真的有这一天，谁又能保证他不会突然暴怒呢？他力气大得很呐！"

"确实值得担心。但我觉得他越来越服从管理人员。例如您，还有我。"

普森耸耸肩。这时，主管朝他们走来。

"先生们，你们好。我来听听看精神病患有没有什么新情况。"

"我们继续一点点释放他们。"

"看得出来。而且我不得不承认，情况没有我担心的那么糟。那'巨人'呢？你们打算拿他怎么办？"

"对他，我们会更加谨慎。"

"最谨慎的做法难道不就是把他关起来吗？"

普森打断了他们的对话，说有事要处理，就不参与他们两个人这么重要的对话了。

"这个人，"主管看着监事长走远，说，"您什么时候开始治他的病啊？"

"他啊，他对我们医院可是非常有价值的一个人啊。"

"我开玩笑的。好吧，一半开玩笑，一半认真。说回来，舍万热让我很担心啊。"

"我想过不了多久，您就会看到他在院子里散步。"

"要是我像您一样对他有信心就好了。"

午后的阳光照进囚室，仿佛迟来的美好生活，终于光顾了这荒凉的地方。舍万热清楚地知道，医生就在这里，坐在离他不远的小矮凳上。一方面他想打发医生走，因为后者频繁地出现，观察他，使他混乱；另一方面，他却像渴望母亲摸摸头的小男孩，渴望着医生的安慰。这矛盾的心理让他觉得痛苦，压得他喘不过气来。眼泪夺眶而出，他伸出不再被锁住的双手，捂住双眼，接着号啕大哭起来，全身颤抖着。他听见医生在说话，声音仿佛从很远的地方传过来。

"士兵，听说你做噩梦了。整夜你都在喊叫、挣扎。"

噩梦？舍万热花了好几分钟才想清楚什么是噩梦。

"不，不是噩梦。其实是过去发生的事。"

"说说看。"

不行，他说不出口。这痛苦如影随形，就像命运本身一样，怎么逃也逃不开。

"我希望你闭上眼睛。用心去看你记忆中的景象，把看到的说出来，从头开始说起。"

医生把手放在他的胳膊上。然后，舍万热开始讲述。

约克镇，这个城镇的名字，舍万热一直记不住。英军占据了一个山头，开动一整排大炮轰炸法军的战壕，场面非常血腥。司令部来的军官，对舍万热所在的排说："士兵们，这场仗，我们要输了。"

这座山的山坡陡峭，被浓烟笼罩，更加阴沉，英军士兵在烟雾的掩护下不停地装填炮弹。到处都是刺刀刺进身体的声音，以及伤者的尖叫。前一阵浓烟还未散开，另一阵浓烟又飘过来，像大雾一样模糊人的视线。舍万热感觉得到战友们就在身边，跟他一起向前进。他听见子弹从耳边呼啸而过。在这排前进的士兵中，时不时有人尖叫，有人受伤，也有人倒下就再也跟不上来了。山顶就在不远的地方了,法国士兵向山顶冲去。在他左边是弗雷努瓦,他是贝里人(Berrichon),腿功很厉害。他已经超过舍万热向前冲去,可突然间,血从他脖子迸射而出,他一头栽倒了。舍万热也加快了脚步。一颗圆弹落在他前面的地上,发出沉闷的声音,接着弹起来,从舍万热的肩头飞过,落在了舍万热后面的那群人身上。他身后传来尖叫声。不能慢下来。他感到自己飞向山顶,好像脱离躯壳以外观察着身体,不再感到害怕,也不再疲倦。在他身边,另一个战友大声喊叫,他也受伤了。一阵风吹散了浓烟,终于可以在阳光下看清英军的大炮,和大炮旁边穿着鲜红制服的英军。英军看到法军快接近他们了,开始把大炮转向这群人,可是来不及了,法军已经在他们四围了。没有人有时间装弹药,接着再次听到刀子刺进身体的摩擦声,惨叫声;鲜血四处飞溅;那些身体被刺透的人瞪着眼睛,眼神里满是惊恐和疑惑。舍万热像一台杀人机器。他仿佛从远处看着这场景,那个在杀人的,好像不是他,而是一台像他的机器,一台充满力量、速度惊人、无与伦比的机器。最终,喊叫声停止了,战役终于结束了,士兵们死的死,逃的逃。舍万热好像回到自己的身体内,压身而来的疲倦,从伤口不停流出的血,才让他感觉到自己真实活着。然而,在一堆倒伏的尸体和倒塌的炮架中间,他发现,他是唯一的幸存者。躺在地上的,穿红色制服的是英军士兵,还有许多穿着蓝色制服的,是法军士兵,后者都是他的战友,要么死了,要么正在死去。

菲利普从未经历过战争，正努力地想象这片场景。突然，"巨人"大哭起来。

"只有我一个人！其他人都死了！我的战友们啊……他们跟着我……他们都死了。"

他再次大哭起来，话语含混不清。

"他们跟着你，是因为他们接到的命令就是如此啊。"

"他们都死了……因为跟着我。"

"是谁下命令去攻占山头的？"

"终于攻下的时候，我是唯一一个幸存者。"

"是谁下的命令？"

"他们都死了，我的战友们！都死了！因为我。"

菲利普靠近"巨人"。

"是谁下的命令？是谁？"

"……是……是中将。"

皮内尔弯下腰，在他耳边轻声说：

"是中将下的命令。不是因为你，他们死了。不是因为你，而是因为命令，因为战争。你也有可能像他们一样死去的。你们全部只是听从了中将的命令。你明白了吗？"

"没错……没错……他下了命令……是中将。不是我，不是我……"

共和国二年风月二十日

　　一开始，他只是回忆起战争烟火，情绪失控，接着马上就意识到一个沉重的事实：他所有的战友都死了，只有他活了下来。他曾是个那么优秀的士兵，习惯在绝境中拯救他的战友们，可没有想到，这次战役，他们竟然是跟着他，全部被杀。因此，他心里产生了极大的罪疚感，对自己痛恨到一个地步，仿佛自己是重罪犯人。而这种感觉对他而言非常沉重，完全无法排解，他的理智让他选择逃避：理智告诉他，他是另外一个人，就是中将，而不是在战火中与战友们一同前进的士兵。奇特的是，他没有像大多数精神病患那样，选择成为历史上的其他任何一个伟人、国王、先知或圣人。他自认为是他所在军队的总指挥，正是那个人下了命令，结果他们全部被屠杀。这样，他把对自己的恨恶转向了上级，表现出来就是，他得了妄想症，我把这种妄想症叫作"身份妄想症"：他必须杀死那个自称是中将的骗子，因为他才是中将。而他自我惩罚的欲望也转为惩罚他人。

其实，他向军队的总指挥宣战，等于把自己置于死地，这是间接赎罪的一个方式。尽管，在他的意识中，并没有"赎罪"这个概念。（如果说他欠谁一条命，那就只有那个头脑清晰的将军了。他大概念在舍万热立下许多军功，也知道舍万热疯了跟他下的命令多少有些关系，精神病是在战役中接连受到打击引起的，因此没有按军规杀了他，而把他送到了比塞特。）

借着回忆，重新把我的"巨人"带回到战役现场，强烈的罪疚感让他泪如雨下。终于，我成功地帮他找回了发疯前的理性。

我重新读自己写的这几行字，发现我的理论非常复杂，迂回难懂，但好在治疗效果很理想，算是证明了理论是对的。然而，让潜意识里的想法浮出意识层面，帮助他清醒过来，这个方法我还不是特别满意。因为虽然能用这个方法详尽地解释人在精神层面的沟沟壑壑，这种诠释可以很出色，但也可以非常主观地被添油加醋。实在还很需要科学的进步，透过更仔细谨慎的后续观察来研究改善这个方法。

我发现，很久以前的伟人们早就明白了这个道理：

"人在任人摆布的时候往往以为自己在引导自己；脑子里想着奔向一个目标时，他的心灵则不知不觉地把自己带到另一个地方。"

拉罗什富科。[1]

---

[1] 即 François VI, duc de La Rochefoucauld，生于一六一三年，卒于一六八〇年，法国箴言作家。

33

傻子爬上衣服堆成的小山包，坐在上面环视着房间，高兴地发现在上面看到的世界很不一样。他好奇地看着菲利普和普森，他们俩正在仔细地查看登记册。截至今日，有三分之一的躁狂病患可以完全自由地走动，另外三分之一已经可以在某些时间段被释放出来，最后的三分之一，虽然还被锁链锁着，但链条的数目也已经减少了。

有人敲门，是福科尼耶。

"杂役们来了。马兰古跟他们说你们想彻底释放舍万热，他们就派了些代表来。"

普森站起来，看得出已经怒火冲天。

"我去见他们！"

"不，让我去。他们只是害怕，需要有人安抚一下。"

杂役们进来了。他们一个个脸色阴沉，那样子几乎可以说充满了仇恨。菲利普猜想，不会那么容易让他们信服。杂役们惊慌失措，可好像又因为这样就被吓住而非常生自己的气。马兰古这次非常谨慎，待在了最后一排。一片寂静，他们还没来得及决定让谁代表他们说话。福科尼耶靠着墙，站得离他们有点距离，好像刻意如此，为了表现出他不站在任何一边。

最终，还是菲利普先开了口：

"你们找我有什么事？"

第一排里有个看上去还算忠厚的小伙子说：

"先生，我们来，想跟您谈谈舍万热。"

"说吧。"

"听说你们想释放他。"

"没错，我们会这么做的。"

另外一个人接着说道：

"先生，这不合适！"

"为什么？"

"他太壮了。他发起疯来，不杀人也会伤人啊。"

"是的，是的。"其他人附和。

所有脸孔都转向菲利普，从这一张张脸上可以看出每个人的性格：懒惰的、大方的、暴力的、讲理的、呆滞的、敏感的、野蛮的，有人则各种品性都有一点儿。

"他已经平静了许多，我才这样决定。"

"释放'发明家'时，您也是这么说的。可您看看后来发生了什么！"说话的是马兰古，这次，普森回答了：

"如果没人刺激躁狂病人，他们是很安静的。"

"哦，监事长先生，你说得倒好听，可你不是在他们身边工作、被他们打的人。我们，是我们被打，你们说是不是？"

其他人踌躇着要不要回答。确实是他们被发疯的病人打，可他们也知道监事长并不怕冒着被打的风险，这已经无数次被证实了。

马兰古气得满脸通红，继续说着尖酸刻薄的话。他知道，他已经输了。

菲利普打断他，说：

"先生们，我会一个人进入囚室，解开他的最后一条锁链。我会和他单独待着，我会自己把他带出囚室。然后你们自己判断，他是不是平静的。"

他们都惊呆了。

"您要单独和他待着，在他没有铁链的情况下？"

"是的，我一个人，他不戴铁链。"

杂役们一片沉默。普森又说话了。

"如果这位先生都敢冒这样的风险，难道你们比他胆小吗？"

杂役的阵营里一阵喧哗。

"你们比他胆小吗？"

"当然不会，绝对不会。"

"当然不会，"他们喊道，"我们不是胆小。我们这样说的意思是，做决定的时候要当心。这位先生这么勇敢，我们也不差。这个舍万热，我们一点儿也不怕他。"

34

菲利普走下办公室的台阶,心怦怦直跳。口袋里那把钥匙沉甸甸的,是用真黄铜做的。正是这把钥匙,可以打开"巨人"的最后一道锁链。外面空气温润,天空万里无云,典型的初春好天气。

一切都会很顺利的,可为什么他总有种不好的预感,还因此整晚没睡?看到院子里的景象,他总算精神振作了点儿。傻子跑来握住他的手,欢快地用沙哑的嗓音叫了几声来表达对他的喜爱。远一点儿的地方,"发明家"没有受任何捆绑,完全自由地坐在凳子上,写着什么——一定是为了他那台奇异的机器而计算着。过一会儿就是其他精神病患的晨间散步时间,他们也会从囚室出来,大多数都是不戴任何锁链、完全自由的。不远处不正是"世界之王"自由自在地散着步吗?一个熟悉的身影陪伴着他。他想冲过去和温柔的玛蒂尔德讲讲话,可普森和其他杂役都在舍万热的囚室前等他。他晚一些再来和她碰面。想到晚点儿可以和她见面，他心里放松了不少，仿佛这次会面带来的幸福感，可以使他免于和"巨人"单独相处可能遭遇的危险。

普森、福科尼耶和大部分那天来办公室的杂役都已经在囚室前等着他。可是没看到马兰古。显然他不想参加"敌人"凯旋的盛宴。主管也不在。普森特别选了主管去巴黎接受指示的时间段。从这些人的眼神里，菲利普看到的是好奇和不安，甚至连普森都是如此。

这位好医生，真的可以制服"巨人"的疯病吗？还是他会逃跑？或者是他们得进去把他从这头野兽的爪子下救出来？这可是让人厌烦的工作啊。他们仍然记得，舍万热唯一一次没有戴锁链，他们在比塞特满院子跑才抓住了他。那简直是在打仗啊！

普森打开厚重的门，他们慢慢往前走，好让眼睛适应囚室内的昏暗。"巨人"躺在床板上，一动也不动。

"他还在睡。"

"睡懒觉不是他的习惯。"监事长嘟哝着。

"普森先生，让我跟他单独待着，我希望他能在昨天那样的情绪里醒过来。"

普森皱了皱眉，还是踏上台阶离开了。

"请您关上门。"

普森满脸不赞同，但他仍然关上了门。好了，现在只有菲利普和"巨人"，两个人在昏暗的光线中。菲利普靠近"巨人"，"巨人"呼吸很重，似乎喘不过气来。他扭来扭去，还低声咆哮着。菲利普把手放在他的肩膀上，说：

"士兵，你好。"

话刚出口，一股熟悉的味道就引起他注意。是酒味儿。但舍万热怎么可能有酒喝呢？……他还没来得及想清楚，"巨人"就睁开了眼睛。他看上去神志不清，接着脸上就浮现出暴怒的表情。菲利普想躲开，但已经来不及了，舍万热狠狠地打了他一拳。菲利普想要自我防卫，但"巨人"把他抓得紧紧的，似乎想勒死他。菲利普连求救的声音都叫不出来。他们两人滚到了地上。

接着他们滚到了木床板下，下面黑得吓人，还加上舍万热充满酒臭的呼吸。菲利普挣脱出半边身体，舍万热又一把勒紧了他。他觉得自己快要被勒死了，用尽最后的力气击打床板，床板撞着墙发出喀喀声。

囚室外，普森和福科尼耶正讨论着，杂役们则围坐在喷水池边，非常高兴可以在监事长的眼皮底下干等着，光明正大地什么也不用做。

"你觉得他对舍万热的看法有道理吗？"福科尼耶问道。

"喂，我可不会讨论医生做的决定，尤其这个医生，他是我的顶头上司。"

普森回答。突然，他们听到床板撞向墙的声音。他们面面相觑，这声音是怎么回事？没发生什么大事吧？突然，他们俩反应过来，一起朝囚室的门奔去。

杂役们看着他们冲进囚室，接着马上听到尖叫声，所有人也都跟着跑了进去。

他在许多洁白明亮的云朵中飞翔,穿过云层,云朵在他身边铸成一道道仿佛积雪堆成的墙壁,时而变幻成看不见的造物主的双手。他觉得自己好轻,地面离得好远。慢慢地,他觉得自己的身体也变成了云朵。云朵的明亮充满了他的灵魂,他生命里的痛苦好像都变得毫无意义,消失不见了;极大的福乐充满他,接着他变成了一道温和的光线。

但光线突然变暗了,看得见的云层突然变成模糊不清的思想意念,让他窒息;他重新感受到身体的重量,还有难以忍受的剧痛。

突然他看到了她,她的脸庞靠得很近,眼里满是不安和担忧。

她爱他,他非常确定。所以即便他还不知道自己在哪里,就很想靠近她、抱她、亲她,可他的身体好重,一点儿也动不了。就好像那些做梦的人,梦见身体在动,事实上连个小指头也动不了。

"他醒了!"

"让开点儿,你们别围着他,妨碍他呼吸。"

他听出这是普森的声音。突然他回到现实中,他意识到自己躺在院子的地面上,被许多杂役包围着,他们惊讶、不安地看着他。但这些还都不是他注意的重点,因为,她就跪在他旁边,离他那么近,他伸手就可以摸到她,她就在那里,这不是梦。她别过脸,擦着眼泪。啊,这就是他所爱的女人啊!

大家把他扶起来，搀着他走回了办公室。他几乎不能开口说话，脸上都是血。舍万热又大喊大叫。他在所有杂役面前失败了。可一想起，他在她眼中读懂的爱，这一切都不重要了。

之后，普森和福科尼耶重新去看舍万热。"巨人"打着呼噜，脸上也有刚才打斗留下的伤痕。

"对一个躁狂病患来说，他睡得太沉了。"

"也许刚才他脑袋被打伤了？"

他们俩越来越接近他时，突然闻到了"巨人"口中呼出来的酒味儿。他怎么会喝酒？根本不可能的啊！……

五分钟后，两人在厨房旁边的垃圾堆里发现了一个酒桶，酒应该是不久前才被倒出来的。他们问了门房，门房说前一天晚上看到布瓦利韦尔提着个很重的箱子进来。他们马上去找了这个牛一样的男人，把他带到一间空囚室，把门关上，这一切，他们做得非常严肃、认真。布瓦利韦尔本来就经不起吓，这么一来，更是怕得厉害。很快他就供出了是受谁所托买酒的，这个人公布出来，大家都不意外。

他一边哭一边说，前一夜，他怎么跟着马兰古进入舍万热的囚室，又怎么让"巨人"把酒喝下去。

35

共和国二年风月二十二日

我之前对于舍万热发病原因的推测应该大部分都是正确的，只是我忘了一个可能非常关键的因素：酒。士兵们常常喝得烂醉如泥，醉酒后他们通常都会大发雷霆。所以可能在他还是军人时，酒让他意志薄弱，加速了他发病的过程。

第二天，他马上就恢复了之前的平静，完全看不出来前一天曾经暴怒过，甚至连他自己都没记得。

其他杂役知道马兰古所做的事之后都义愤填膺，而马兰古再也没出现在比塞特。还好他没再出现，否则其他杂役也不会放过他。他已经完全失去了理智，亲手造成了今天这个局面。而这局面竟然和他出生时的局面一模一样——他再一次被弃绝。

而对于布瓦利韦尔，杂役们并不生他的气，因为他们知道，布瓦利韦尔头脑简单，挡不住马兰古的影响。杂役们每天和精神病患在一起，这让他们对每个个体该负的责任非常清晰，对事情的判定比法官还细致、敏感、前卫！

在我的感情层面，也有了微妙的变化。我感觉得到，她对我们关系的定义，已经超越了医生和病患家属，更多是朋友间的关系。这对我而言是巨大的宝藏，只是，我们都不会去开采这宝藏，因为她对丈夫非常忠诚，而我，又很害羞。

新的不安。今天她没有露面，而我现在又不能离开医院。等一下，就是解开舍万热身上最后一条锁链的时刻了。

杂役们聚在院子的另一边，囚室长廊的对面。"'巨人'出来的时候，不能有人群围着他，"普森宣布，"这样会让他很害怕。"

所有人都看着囚室的门，门是开着的，主治医生进去已经有很长一段时间了。接着普森也进去了，没有再出来。没有喊叫声，也没有呼救声。到底发生了什么事？

突然，有一个人从囚室里走出来。

"他来了！"

"不是他，傻瓜，是普森！"

确实是他们的监事长，从囚室里平静地走出来。在他后面是主治医生的身影，接着是福科尼耶。

"那么今天应该不会放'巨人'出来了。"他们想着，大大松了口气，继续聊天。

可是，在三个人身后，出现了一个高大的身影。他弯下腰，跨过门槛，走到院子里。

一片寂静。

舍万热身上没有任何枷锁，又长又强壮的手臂在身侧晃动。他看着天空，迟疑地走了几步。他穿着一件白衬衫，特别为今天准备的，他看起来格外强壮、高大，相比之下，在他前面的那三个人显得非常瘦小。突然，他呻吟了起来，哀号个不停。

"小心，他要发脾气了！"

"他又变得暴躁了。"

"你们都给我安静！"

舍万热好像在转圈，医生和监事长都让开几步，好让他自由地移动。他奇怪地向后弯身，仰望天空。他呻吟的声音，慢慢变成了歌声。

"他在唱歌。"

"没错，是在唱歌。"

"我知道这歌，是首军歌。"

舍万热继续唱着，眼睛仍然注视着天空。然后慢慢地，他垂下了眼睛，仿佛现在才看见在他对面，杂役们排成一排。他皱着眉头，继续大声唱着歌，朝他们走去。

"小心！"

所有人，看见舍万热走过来都很担心。是应该马上逃走呢？还是应该扑上去制服他？

舍万热继续靠近，眼睛瞪得大大的，声嘶力竭地唱着歌。他看着他们的脸，眼球突出，一脸怒气，歌词几乎是喊出来的。

这时，一个杂役附和着，跟他一起唱歌。

舍万热看着他，微微点头赞同，动作很小，让人难以察觉。另外一个杂役也唱了起来。接着又一个。慢慢地，所有人都跟着舍万热唱起歌来。

36

共和国二年芽月六日

胜利的一天之后,是担心的一天。我的朋友孔多塞逃跑了。我是从玛蒂尔德写的纸条得知这个消息的。她托一个来比塞特的访客把这纸条交给了我。

国民议会颁发了关于他的新法令。根据这条法令,只要抓住他,可以不经审判直接处死他,而所有帮助过他、给他提供住宿的人,同刑处置。他一听到这条法令,立刻决定离开他的住所,免得有人被他牵连。

韦尔内太太非常反对他离开,就算冒着被处死的危险,仍愿意给他提供住处。第二天,孔多塞用计谋离开了:他请韦尔内太太帮他到楼上找一下东西(他腿疼得很厉害,只要用力就疼得更厉害),她从楼上下来时,他已经离开了。

从这之后，我就再也没有他的任何消息了。他没有来这里。我担心最糟的事情会发生。

仲春。过道两旁，福西尼先生深爱的树木向蓝天伸展绿芽。一大早，小鸟们就在屋顶上叽叽喳喳。从教堂的钟楼上，可以看见环绕着比塞特的小山丘，绿意盎然。

万物复苏，人们的活动也增多了。院子里，房间里，储物间里，人们打扫、清洁、重新粉刷。收容所院子里的景象，简直就是工业社会的缩影：一些杂役们把被褥拿出来透风，挂在绳子上用力拍打；另一些修理窗框和被严寒冻坏的窗户；还有一些来来去去，推着小车，傻子蹦蹦跳跳地跟在一旁，看到一切复苏，他也非常高兴。

菲利普却不关心这一切。玛蒂尔德已经一个星期没有来比塞特了。他忧心如焚。

发生什么事了？她害怕越来越严格的检查吗？他睡不着觉了。

一个晚上，从贝洛姆疗养院看诊回来，他决定去她家看看，满心希望可以看到她平安无事。

根本找不到马或四轮马车，因为军队到处在征用。所以他走路去。这让他想起年轻的时光，和让-安托万徒步旅行的时光。但今天晚上，在他身边的不是让-安托万，而是舍万热。好几天了，"巨人"一直跟随着他，他心中存留的军人服从的本性，令他将菲利普当作了上级。他们一起走着，路人都盯着他们看。

在圣安托万区路，他们经过一家小酒馆。两个男人唱着歌从里面走出来，舍万热盯着他们看了很久。他故意让菲利普走在前面，走了几步之后，他就折回到酒馆门前，推开了门。一进去，就看到里面烟雾缭绕，好多醉汉，醉的程度各不同。舍万热毫不费力开出一条路走到柜台边，跟酒馆老板要了酒。酒馆老板是个胖子，不安地看着舍万热走过来。

外面，菲利普才发现"巨人"不见了。他焦急地回去找他，一面开始责备自己怎么这么大胆把他带出来。才稍微可以控制他的蛮力，就这样带出来实在太不谨慎了。如果有人激怒了他，会发生什么可怕的事啊！他焦急地从路这一头走到那一头，来来回回地找，期待可以看到同伴的身影。在一个路口，他遇到一个老相识，面对面碰了个正着。那是马兰古，和一帮人在一起，他显然是他们的头儿。他离开比塞特之后，很快就在别的地方集结了一小群自己的势力。马兰古认出他以前的主治医生，脸上堆满了坏笑。他大喊：

"人民的公敌！人民的公敌！他把几个贵族藏起来了！"

他的同伴们围着菲利普，他们被马兰古的喊叫激励，个个热血沸腾，推着他，动手打他，其他人也赶来"伸张正义"。他们的脸因仇恨而欢乐，菲利普想要和他们讲话，却行不通。他们的喊叫盖过了他的声音，而且很快，落在他身上的拳头让他完全失去尊严，他成为一个受害者。一旦成为软弱的受害者，就会勾起他们更大的愤怒和更厉害地欺负他的欲望，让他死得更惨。有人喊道：

"去路灯那边！把他挂起来！"

在街角，确实立着盏路灯。有人拿来一条绳子。

马兰古的一个同伙似乎不喜欢这个场景，离开了这群人。这个结实的人，是布瓦利韦尔。一群什么都不是的人，痛打主治医生，这场景让他心里很不是滋味。布瓦利韦尔有点野蛮，但他不坏，而且他从来不恨主治医生。他面色苍白地远离了这群人，这些打骂声。他看到了小咖啡馆的门，就在右手边，所以他进去了。

舍万热闭着眼，喝下第一杯酒，一首熟悉的歌在他脑中回旋。他突然放下酒杯，跟老板做了个手势，让他重新加满杯子。老板很担心像他这样的人喝醉，但他不敢不加酒。第二杯酒下肚，他又叫老板给他加酒，同时环视了整个酒馆，他发现所有人都又怕又好奇地看着他。这让他很兴奋，他，什么都不怕的"巨人"，被关押了这么久，今天终于重新找回力量和能力。

这时，一个男人像一阵风一样走进来，直接冲向柜台，仿佛需要治疗，在等一个非常紧急的药方。他贪婪地吞下一杯酒，舍万热认出了他。布瓦利韦尔放下酒杯，情绪还没有平复，就再要了一杯。在看见他身边这个大个子之前，他心里在猜测那到底是谁，他的身体比脑袋反应得更快：全身汗毛都竖起来了！

舍万热向他迈了一大步，抓住他的衣领，扼住他的喉咙。所有人都安静了下来，观看的人都震惊了。舍万热放开布瓦利韦尔，他并不想杀人，他想打布瓦利韦尔，而他对打死人并不

感兴趣。正在他放开布瓦利韦尔的时候,后者抓住机会一个字一个字地说道:

"你的医生……那边……"

死亡的恐惧让他变聪明了。与其祈求怜悯——祈求根本也没什么用,还不如打断他,更何况他知道用什么来打断舍万热杀他的念头。

"我的医生?"

正在这时,所有人都听到外面人群的大喊大叫。

在最狂热观众的呼喊声中,绳子被抛到路灯上面,绕了一圈吊下来。在迷迷糊糊中,菲利普感觉到,有人拉着他,把他推到墙上,同时又有陌生而粗糙的手在他颈边把绳子绕在脖子上。他想到她,他的悲伤,他将要失去的生命,可落在他身上的拳头,疼痛得让他无法真正去体会害怕或可惜。他觉得他就快要死去,却好像完全不用参与死亡这个过程。绳子绞着脖子上的肉,让他觉得非常痛。"快点儿结束吧!"他想着。

然后,他听到了吓人的喊声。

那些跑得不够快的人像骨牌一样接连倒下。皮开肉绽,鲜血四溢。那些还能跑得动的,尖叫着拼命地跑远,消失在夜幕中。舍万热抱起已经失去意识的主人,背在肩上,大步流星地往回走,他的理智恢复得差不多了,开始担心,再不快些,警察们可要来了。

37

第二天,他应该谨慎些,留在比塞特等伤口愈合,可他等不了。傍晚,他就决定回巴黎。这一次他没有带上舍万热,因为舍万热已经给许多人留下深刻的印象了。

为安全起见,他带上了爱国公民卡、医院主治医生证明,还有一封由国民议会的一个议员写的证明他们友谊的信件。还好他带了,因为路上他两次遇到带武器检查的无套裤汉。他们摆出持有生杀大权的蛮横,他们确实有这样的能力,因为他们可以把人送上大革命法庭。新近颁布的几条牧月法令,让审判程序简单得吓人:不再有辩护律师,不再需要事先指令,而法庭的判定只有两种结果:死刑或无罪释放。

走了两小时的路程,他终于看到卢森堡公园一片浓郁的绿色。他沿着栅栏走,呼吸着植物在夜幕降临时散发出的清新气息。学习植物学,又是年轻时的另一段回忆。

他听说,人在濒临死亡时,会记起一生发生的所有事。

而今天这些回忆，是不是什么不好的征兆？不是的，是爱带他来到这里。众所周知，因为爱，什么坏事都不会发生。她住在圣叙尔皮斯教堂旁边，离韦尔内太太庇护孔多塞先生的住所并不远。虽然好多次经过她家门口，但他从来没有进去过。当他到达她所住的街道，天快要黑了。落日依然照亮了屋顶，整个街区浸没在温柔的蓝光里。到她家门口时，他心跳得如同小鹿乱撞，那声音都快和他敲门的声音一样响亮了。

天哪，她就在我面前，温柔的脸……可为什么她哭了？

她让他进门，眼泪大颗大颗地掉下来，说：孔多塞先生去世了。

等他们坐稳，她一点点告诉他这些日子她听到的关于孔多塞先生的事。

这位哲学家从韦尔内太太家逃走之后的三天里，在巴黎郊区游荡，夜晚在外面露宿。接着他找了在皇后镇的几个朋友，希望他们能够接待他。可这几个朋友担心被邻居看见，叫他等天黑之后再来。孔多塞先生就在一个小酒馆里面等天黑，结果在那里有人注意到他，觉得他很可疑。他被抓后，给那些抓他的人看他的假身份证，因此他们没有立刻把他带到巴黎，而是把他关在镇政府的监狱里过夜。第二天，牢房看守发现他已经死在了监狱里。

看她哭得这么厉害，菲利普决定不告诉她，他的朋友兼导师，坚决地请求他做一件事，而他最后竟妥协了。他的请求是这样的：

"死亡，"孔多塞说，"我接受。但人群、尖叫、羞辱，为了让人害怕而设立的断头台，让人露出颈项、把人推到铡刀下的手，这些，我拒绝，我知道我承受不起。那么，我的朋友，好医生，请帮帮我。"

菲利普就给了他毒药。

之后，她把他安顿在她家楼上的房间，房间被她收拾得很干净。

夜幕已深，他只能吹熄蜡烛，试图入睡。他想着她的房间，就在不远的地方。他回想起刚才，他吃着她准备的晚餐，而她在一旁专注地看着他，那激动的脸庞多么漂亮。她讲述着他们的哲学家朋友最后的时光，那是段平静的时光。他看着餐桌布上她白皙的双手，满心冲动地想把自己的手搭上去，终究还是不敢冒风险毁了她的名誉。她丈夫不在家，要是他知道他所引起的困惑……

现在，单独躺在房间里，他想，他应该把手放上去，可能……可当时她正在讲述他们朋友生命里的最后一段日子，在这种情况下亲吻她也很尴尬呢！从她眼眸流露出的激动，是因为孔多塞最后悲惨的结局，还是因为他正在她家，用她的餐具吃着饭？

突然，他想起那天他躺在比塞特院子里时，她看他的眼神。她都那样热烈地看着他，现在应该不会对他立刻拒绝吧。不太可能。

"而生命是多么短暂啊,"他一边走下楼梯,走向她的房间,一边想着,"明天我们可能都会被抓,然后很快就离开这个世界。"

他敲了敲她的房门。

38

舍万热把斧子举到空中，高过他自己的头，做了个鬼脸，然后用力地挥下斧子，把树桩劈成两半。在他身边，已经有一大堆劈好的柴火，数量多得惊人。他停下来，擦擦额头。离他不远的地方，玛格丽特-朱布莉娜·普森坐在小椅子上剥豆角，她把剥好的豆子放在小篮子里面。福科尼耶推着小车向他们走来，往车里装上劈好的木柴。舍万热则继续劈着树桩。

菲利普透过办公室的窗户观察着工作中的"巨人"。

"他没有自己的工具做体力活。"普森说。

"可能是这样……但我不想你们把他当作一头付出劳力的牲畜。"

他想了想，突然想到一个主意。最近他总是有很多好主意。

今晚他要再去看她，她，她的眼神，她向他敞开的裸露的双臂，弥漫在床单上的她的香水味。他很快就阻止自己继续再想下去，否则他将完全无法集中注意力工作。

舍万热，现在应该想着舍万热才对。

威尔伯神情严肃地在桌上摆放着盘子和银质餐具。桌子上铺着漂亮的白色桌布。旁边，舍万热仔细看着他做事。舍万热穿着礼服，打着领带，大概是因为不习惯这身装束，表情很不自然。英国老人细致地摆放了三套杯子，在盘子的两边又摆好两套刀叉。摆好后，他后退两步，好让舍万热认真记住摆好的餐具顺序。威尔伯因为太认真而眉头紧皱，几秒钟后，弯下腰打乱餐具的顺序。他又后退几步，非常有礼貌地让位给舍万热。舍万热用他那双大手，迟疑地重新摆放餐具。威尔伯满意地点点头。最后，舍万热手里只剩下一把小叉子，他不知道该放在哪里。老人抓住他的手，引导他把叉子放在了餐桌上该放的位置。

39

共和国二年芽月十七日

孔多塞先生的死给我们的生命投下一片阴影,这阴影不是充满阴郁伤感,却是亲切宽厚的,似乎非常赞成我们在一起的幸福。

让我惊讶的是,她居然比我更加不介意她的丈夫。

"我并不觉得偷窃了属于他的任何事物。"有一天,她看着我这样说,眼里混合了嘲讽和天真,这是她特有的眼神。

我能感觉到,她很生她丈夫的气,因为他太投入在政治事业上,这让他自己陷入极大的危险,她不喜欢政治。我从某种程度上很认同她说的话。家有如此美妙的贤妻,为什么还要投身于疯狂的世界呢?

爱,被爱,已经足够了。此外,还期待什么呢?

共和国二年热月二十三日

　　幸福让人沉浸其间，使我疏于动笔。而不幸时，我才勤于耕耘。

　　玛蒂尔德对她丈夫回心转意了。我们彼此决定，正直地走各自应该走的路。尽管，分开时我们都泪流满面，但我们还是各自上路了。

　　那些我们在一起的回忆，已成了我的珍宝。

　　我尽我所能地自我疗愈。

　　好吧，诚实点儿，我得承认在那之后，我认识了另外一个非常有魅力的女人，让娜。她是普森家的客人，刚刚离开家乡汝拉省，来巴黎工作。她的温柔和淳朴给我留下深刻的印象。虽然她的谈吐还不像一个巴黎人，但在她身上，我看到许多美好的品格，这能令她成为好妻子和好母亲。

40

午后,疗养院非常热闹。院子里到处可见访客、家人、散步的精神病患。在这繁忙的景象里,出现了一辆四轮马车,停在行政楼的台阶前。一个人从马车里走出来,是让-安托万。菲利普从办公室出来迎接他:

"负责火药的总警长先生!多么荣幸见到您!"

"大学教授先生!是我的荣幸见到您!"

他们紧紧拥抱,行贴面礼。

之后,他们在院子里闲逛,边走边用他们习惯的方式聊天,仿佛又回到学生时代。

"恐怖统治快要结束了,"让-安托万扬言道,"对于我这样一个多嘴的人来说,能够重新自由地说话是多么幸福的事!"

"能够活下来是多么幸福的事!"

"对啊,真的是这样。当我想起我们那些去世的朋友……"

他们沉默了片刻，各自想着去世的朋友和熟人，再也见不到那些人了。

"……有些人的命比我的值钱多了，"让-安托万继续说，"看到那么杰出的人就这么去世了，而我自己却还活着，想想真是非常难过。你不觉得吗？"

"你好像为自己还活着感到内疚。"

让-安托万思索着：

"为自己活着感到内疚，是的，好像有点儿这样……你真的成为心灵的医生了。"

"而你，你成了化学家、警长。"

"是的，我很高兴可以做些什么……"

让-安托万解释了他在做的事：在蒙彼利埃创建卫生学院；发展一系列工艺程序，制造硫、明矾、染料、玻璃、矿泉水，从南部盛产的植物菘蓝中提取靛青颜料；还有，制作加了糖的甜葡萄汁，这是他原来嗜好（改善酒的口味）的延续。

他们来到院子的一处角落，那里有一片菜园。好几个精神病患正在种植蔬菜，玛格丽特-朱布莉娜正在严格地监督着他们。她正和傻子说着话，傻子戴着顶草帽，错愕地看着她。

"你看，应该把种子撒在菜畦里，你却全部撒在了旁边。"

话音刚落，傻子看到了菲利普，就向他跑去。跟平常一样，傻子握住他的手，好奇地观察着让-安托万，向他挥挥草帽以示欢迎。

"我不知道你是不是已经痊愈了,"让-安托万说,"但无论如何,你看上去很幸福。"

"喏,你已经理解我的原则了。来,我带你去看看其他更具代表性的病人。"

然后他就带让-安托万去看"发明家",还给他讲了"发明家"的故事。

"发明家"一个人坐在工作台边,忙于修理一个挂钟。在旁边的架子上,还有各式各样、各种大小的钟等着他修理。是菲利普发出消息,住疗养院附近的人和访客纷纷把他们的钟拿来给他修理。

"他是个非常典型的例子。用温和的方式,使他错误的固定观念慢慢消失。"

"为什么不让他回家呢?"

"要知道,他的错误观念还没有完全消失。"

"原来是这样……"

在不远处,他们遇到了阿道夫,福科尼耶正陪着他。菲利普很惊讶,他不再是平常那种狂热的表情,而是号啕大哭。福科尼耶解释说,最近阿道夫变化很大,一直在不停地哭,也不再叫他未婚妻的名字了。此时,他盯着菲利普看。突然低声叫道:

"玛丽-阿代勒……玛丽-阿代勒……"

"那么,今天玛丽-阿代勒在哪里?"

"她死了!她死了!"

他又大哭起来。

福科尼耶解释说，有一天，有支送葬的队伍经过院子，他看到后情绪非常激动。菲利普觉得很有趣，从阿道夫这个病例中，可以看到是情感的变化导致观念改变，而不是观念改变导致情绪改变。他可以把在阿道夫身上所观察到的，记在下一篇关于精神病患的论文里。等等，在此之前，有更重要的事要做。

"好好陪伴他，观察他，一刻也不要离开。因为他很有可能会寻短见。"

福科尼耶和阿道夫走远了。

"你跟我解释一下到底怎么了。"

"你刚才看到一个康复中的人。"

"康复？心灵医生对我来说果然还是太复杂了。"

41

共和国三年芽月二十二日

又是一年，我没有写日记。工作太多，婚姻生活也很忙碌，而让娜的心智还像个小孩。单身果然更适合写作。

但有需要记载的大事件：今天早上我接到了巴黎妇女救济医院主任医生的任命通知。人们说，这家医院是欧洲最大的妇女疗养院。据说，普森先生听到消息非常生气，虽然当着我的面，他什么也没有流露出来。

他还不知道，我将会竭尽全力跨越行政上的困难，任命他为妇女救济医院的监事长。据我了解，救济医院的女精神病患都还是被锁链捆绑着的。我们在比塞特释放精神病患成功了，这些女精神病患们同样需要获得自由。而普森和他妻子，是我完成这项使命的得力助手。

让娜被这个改变吓坏了。过去这一年对她来说很艰辛，因为她流产了。我向她保证，这份新工作的薪水会让我们的生活更加有保障，而她会得到更好的休息。

夜幕降临了，太阳沉入山冈后面，余晖仍然照亮着高空上的云层。风吹散了云层，天空一片纯净。散开的云朵离我们那么遥远，镶着金边，慵懒而神秘的样子，我想，这正是自由的写照。

References 参考资料

对主人公性格和行事风格感兴趣的读者可以进一步阅读以下资料：

《皮内尔书信，附其侄子卡齐米尔·皮内尔医生对其生平的记录》，由巴黎维克托·马松出版社，于一八五九年汇编出版。

《论精神错乱的精神治疗法》，菲利普·皮内尔著，由巴黎里夏尔、卡耶和拉维耶家出版社，于共和国四年出版（莉莉研究室重新出版）。

皮内尔喜欢的著作：

《精神病编年史：包含不同种类的精神错乱、忧郁症和精神疾病（在内的）奇特有趣的病例选编》，医学博士威廉·珀费克特著，由伦敦克罗斯比商业机构，于一八〇九年出版。由纽约阿诺出版社，于一九七六年重新出版。

第三共和国一个医生写的关于皮内尔工作的书：

《菲利普·皮内尔，从精神科医生的角度看他的工作》，勒内·斯勒迈涅著，由联合印刷厂，于一八八八年出版。

历史学家们非常杰出的著作，关于菲利普·皮内尔和他那个时代：

《安慰与分类》，简·戈尔茨坦著，由综合试验学院、思想盛宴的搅局者出版社，于一九九七年出版。

《精神病学的创世记，菲利普·皮内尔初期的著作》，雅各·波斯特尔著，由综合试验学院、思想盛宴的搅局者出版社，于一九九八年出版。

《关于疯狂的议题：精神病学的诞生》，斯温·格拉蒂斯著，由图卢兹普里瓦出版社，于一九七七年出版。

《理解与治疗》，多拉·B.魏纳著，由巴黎法亚尔出版社，于一九九九年出版。

最后，伊丽莎白和罗伯特·巴丹泰写的，由巴黎法亚尔出版社一九八八年出版的《孔多塞，政界的智者》一书，让这个哲学家的形象在我脑中丰满起来，并使我对这位人类的朋友产生了浓厚的兴趣。

至于在历史真相之外的那些自由的描述，并非得益于对这些书籍的阅读，而是我自己的想象所结出的果实。